熱血！"タイガー"のファントム物語

戸田眞一郎 著

写真と解説：徳永克彦［巻頭カラー］

イカロス出版

1996年に登場した第306飛行隊創設15周年記念塗装機。この年が同隊にとって最後のF-4運用となった。前席で操縦桿を握るのは、もちろん飛行隊長の戸田“Tiger”眞一郎2佐（当時）

322
15
DANGER
INTAKE

“ズバッ”とバンクを入れて編隊を離脱するTiger。航空自衛隊のF-4はスラットを装備していないために機動性では劣るが、ベテランファイターパイロットの腕に掛かれば、まさに人馬一体の動きを見せる

439
17-8439

文字通りのタイガーアイで、僚機を目掛ける戸田2佐。後席は現第7航空団飛行群司令の木村真一1尉(当時)。複座機であるF-4パイロットは、文字通り先輩の背中を見て育つのである

1995年の戦技競技会に参加した第306飛行隊のF-4EJ改。同じ第6航空団隷下の第303飛行隊が先行して高性能のF-15に改編されたため、同隊は常に強い敵に勝つための創意工夫に励んでいたという。事実戦技競技会でも優秀な成績を収めている

後部胴体には戸田2佐のTACネームに因んだ虎のマーキング。ラダーの新撰組風のダンダラ模様は、武士道の象徴。機首に描かれているのも虎の牙とすると、神出鬼没のアルセーヌ・ルパンをイメージしていると推測するのは穿ち過ぎか?

熱血！〝タイガー〟のファントム物語

はじめに

私の戦闘機パイロット人生は、主にファントムと共にあったといえる。

私が航空自衛隊で38年の間に飛んだ総飛行時間は５３２３・5時間（偶然上から読んでも下から読んでも同じ）。これを24時間で割れば、約２２２日間、空の上で生活していたことになる。さらに通常、戦闘機パイロットの1回の飛行時間は約1時間。1日に1回フライトをしたと仮定すると、約５３００日間、飛び続けた勘定でもある。今、振り返ると大変な数字である。その内、ファントムで飛んだのが前後席を併せて約２５００時間。総飛行時間の約半分近くをファントムのコクピットに座っていた。

ファントムの原型機が米国で初フライトをしたのが昭和33年（１９５８年）。私が小学校1年生の時である。そしてファントムは５０００機以上が生産され、世界の空を飛んできた。航空自衛隊に導入されたのが昭和46年（１９７１年）。私が20歳で航空自衛隊の航空学生課程で地上教育を終え、飛行訓練課程で飛び始めた頃である。それから、ファントムは半世紀近くを日本の空で飛び続けた。最後のファントム飛行隊は令和2年（２０２０年）でリタイアして最新鋭機Ｆ-35にそのあとを譲ることになる。

本書は、私がファントムと共に歩んだ日々の出来事をはじめ、ファントムのファンが知りたい裏話、パイロット人生から得た教訓なども含めて、思いつくままに記してみたいと思う。

ところで皆さんの中には、パイロット、特に自衛隊の戦闘機を操縦しているパイロットというと何か特別な世界の人たちと思っている人がいるのではないだろうか。オンの時間は過酷な環境に耐えながら日々訓練をしている真剣な姿があることは事実。しかし、オフの時間は酒も飲むし、朝寝も楽しむし、ダラダラと1日を過ごして、ごく普通の生活をしている普通の人達である。信じられないだろうが、中には高いところが苦手なパイロットもいる。何を隠そう、この私も2階から下を見ると背中がゾクゾクするという高所恐怖症に近い状態である。でも、いったんコクピットに座れば空の人に変身する。

ただパイロットの活動する空間が、地に足がついていない3次元の世界であるという特殊な事情がある。地面に足がついていないから通常では考えられない現象に遭遇することもある。また、それが自分の命を縮めることにもなる。パイロットは自分の生命を代償に日々訓練をしていると言っても過言ではない。

パイロットとして自衛隊に残った私の同期50名のうち5名の仲間を事故で失った。同期入社で殉職者1割という仕事がほかにあるだろうか。これだけを考えても、戦闘機パイロットがいかに過酷な環境に置かれているのか想像がつくと思う。危険が常態化している中で訓練をしているのだ。地上の乗り物にたとえれば、バスとF1レーサーくらいの違いがある。目的が違うのだから優劣をつけることはできないが、ミッションそのものが違うのである。

本書では、戦闘機パイロットの目から見た話が中心となっているが、自衛隊パイロットの任務は多様を極める。我々がベイルアウトした時にどんな悪天候下でも助けに来てくれる救難隊のパイロット、そして、輸送を担う輸送機、輸送ヘリのパイロット。自衛隊の救難ヘリは警察や消防ヘリの手に負えない過酷な条件下でも出動する「最後の砦」と言われている。時には、戦闘機パイロット以上に過酷な条件下で飛んでいる仲間たちがいる。

自衛隊のパイロットが民間のパイロットと違うところは、身の危険が迫る戦闘空域でも平常心をもって行動しなければならないミッションを持っているということ。国の安全を守るため、自らの危険を顧みず戦うパイロットであるということだ。

この本には、私がファントムを中心にF-86F、F-104Jのコクピットから見たこと、考えたこと、そして感じたことがそのまま詰まっている。

世間にはあまり知られることのない戦闘機パイロットの実像をいくらかでもご理解いただけるとすれば、これほどの喜びはない。

◉目次

目　次

第1章

ファントムへの熱い想い

ある日、孫娘が言った。

「ねえ、ねえ、ファントムは、おじいちゃんだよね。じゃあ、ジイジもおじいちゃんファントムで飛んでたの？　どっちも頑張ってるけど、無理してな～い？」。

私、「………」（返す言葉なし）。

そう、女性や子供達にまで人気のあるファントムおじいちゃん。私の戦闘機パイロット時代は、航空自衛隊でのファントム全盛期の頃だった。

ファントムとの出会い
―それは衝撃的だった―

マクドネル・ダグラス社製F‐4ファントムⅡは、先にも触れたように世界の空で5000機以上が飛んできた傑作機である。F‐4EJとして日本で初めてのファントムが小牧飛行場に着陸したのが、昭和48年（1973年）だった。私が小松基地第303飛行隊で、初めて機種転換講習でファントムに乗ったのは、たしか昭和55年（1980年）の29歳の時だったと記憶している。

ファントムは、今までの戦闘機と異なって、着陸方法に大きな違いがある。ファントムはもともとが米海軍の空母上で運用される艦載戦闘機である。狭い飛行甲板に着艦するために高いところからどすんと落下着陸させる、あの着艦方式である。それを陸地でもやる。これには最初なじめなかった。

「2階から飛び降りるつもりで行け〜！」。

ファントムでの初めての着陸で教官から言われた言葉。それまでF‐104Jで滑り台を滑り降りるようなノーショックの着陸に慣れていた私にとっては驚きであった。ラウンド・アウトして接地していたのでは着陸滑走距離が伸びてしまう。やはり艦載機、滑走路にぶつけるように着陸してもあの太い脚で支えてくれるのだと感心した。

もうひとつ困ったのは、座席の高さと操縦桿の位置。コクピットからの視界を良くするために座席を上げる。座席を上げすぎれば操縦桿に手が届かない。足もラダーに届かない。着陸後の方向保持のために座席を下げた、背の低い私の地上滑走姿は、外から見ると首から上しか出ていなかったようである。上空と地上とで座席を上下しなければならなかった私にとって、座席上下のスイッチがトラブった時は緊急事態だった。

また、ファントムはレーダー誘導ミサイルのAIM-7スパローを搭載しており、遠く前方の目視範囲外からターゲットを撃墜することができる。F-104Jは赤外線ホーミングのミサイルしか搭載していないので、後方に回り込まなければミサイルを撃つことができなかったが、前方からこのスパローミサイルを撃つことができるようになったことが空中戦闘の様相を変えて行った。そのためには、後で述べる後席操縦者とのクルー・コーディネーションが大切になる。

ファントムは、航空自衛隊初の複座戦闘機だ。後席もF-4の操縦資格を持つパイロットが搭乗する。2人のパイロット、これは強みだった。4つの目で索敵できるし、聞き漏らしたボイスも後席に確認することができる。手順を忘れたときは、後席にチェックリストを読んでもらうこともできる。ミッションが終わって帰投中、眠たいときは、「You have control」(「君が操縦してね」の意味)。操縦桿を持つのは当然後席の後輩。そんなおおらかな時代でもあった。

そしてこれも航空自衛隊初、エンジンが2つあるというのもパイロットにとっては大きな強みであった。エマプロ（エマージェンシー・プロシージャー＝緊急手順）は、「ＢＡＤ ＥＮＧＩＮＥ ＣＵＴ ＯＦＦ」ですむ。同じＪ79を搭載した単発のＦ-１０４Ｊから転換した私にとっては大きな安心感があった。

私がファントムと出会った頃は、航空自衛隊にとってはまだまだファントム飛行隊の建設の最中だった。Ｆ-86Ｆ、Ｆ-１０４Ｊという今までの単座機から複座機になり、搭乗するパイロットも２倍必要で大量養成を迫られており、私たちの期から急に養成数が増えたのを記憶している。しかし飛行隊に配属されるパイロットが増えても、訓練時間と飛ばせる機数は決まっている。必然的に一人前になるまでに費やされる期間も長くなる。通常半年くらいで後席の訓練を終えるところを１年近くかかる場合もあった。

航空自衛隊におけるファントムへの機種転換訓練は、後席から前席へと両席の資格を取って初めて修了する。１番目のファントム飛行隊である第３０１飛行隊が機種転換教育を受けもつ飛行隊であった。

ただ、第３０１飛行隊を卒業して部隊配属になっても、先ほど言ったように配属人数が多いため、なかなか思うようにＴＲ（Training Ready※1）訓練が進まない。部隊に配属されるとまずは後席のＯＲ（Operation Ready）資格を取り、その後前席のＯＲ資格を取る。通常、部隊配属後１年以上かかる。資格を取ったと言ってもまだＡＲ（Alert Ready）と言ってアラートにつ

ファントム・ライダーの養成を一手に引き受けていた第301飛行隊のF-4EJ改（写真：S.Akatsuka）

いて対領空侵犯措置ができる段階で、戦闘には参加できない。ARの資格を取るとようやくCR(Combat Ready)訓練が始まる。CRの資格を取って初めてウイングマン※2として戦闘場面に出動することができる。部隊配属されて2年以上の訓練を経て、やっとまともなウイングマンとなれる。こうして、たくさんのひよっ子のファントム・ライダーが育っていったのだ。

ファントム飛行隊の創設当初は、配属される新米パイロットが多すぎて、駆け足の早い者から順番に訓練を開始した飛行隊があったなんてエピソードもある。また、飛行隊に配属された新人パイロットたちにはデスクワークもなく、飛ぶ以外は暇な時間が多い。そして順番を待ちながらもフライト・スケジュールがない日が続く――となると、そこはファントム・ライダーの卵たち、フライトがないのをいいことに夜を待っては連日飲み屋通い。まさに、ピンチはチャンス？転んでもただでは起きないのが、ファントム・ライダーなのである。中には、当日、急にスケジュールが組まれ、二日酔いで飛んだ連中もいたとかいなかったとか……。

新人操縦者の場合は、一般的には前述のような訓練になっていた。しかし、他の機種を経験してファントムへの機種転換に臨む者は、1か月程度で機種転換教育を終わり、半年程度でCRとして飛ぶことができた。私はF-104Jで教官資格まで取得していたので、第301飛行隊の正規の機種転換課程には入らずに、小松基地第303飛行隊で機種転換講習という短期課程を終了してファントム・ライダーの仲間入りをした。そして半年後にはウイングマンとして戦技競技会にも出場していた。一から正規の講習を受けていないおかげで、感覚でしか飛べないファントム・ライダーになってしまったともいえる。ファントムまではこの、カンというかフィーリングというか、〝感覚〟で飛ぶパイロットが多かったし、その飛行感性、空中感覚が技量を左右していた。パイロットの腕そのものが戦闘機の機動を制し、戦闘結果を大きく左右していた。しかし、次世代のF‐15になるとコンピューターが介在する割合が増え、このコンピューターをいかに使いこなすかによって戦闘能力の差がでてくる。いわゆる戦闘機を動かす職人技の腕というよりも、いかにして多くのスイッチやボタンを瞬時に操作し、ウエポンの最大能力を引き出すかという技術が要求されるようになったのだ。

後に登場するF‐4EJから進化を遂げたF‐4EJ改も見かけは同じファントムだが、このコンピューターの換装により大きく能力を向上させることとなる。同じパソコンでも、ウィンドウズ7からウィンドウズ10になるようなものである。

もっとも、それを使いこなしていない者にとっては猫に小判であるが。

※1「～ready」、という言い方は航空自衛隊独特の表現で、そのまま訳せば「～待機」となるが、ニュアンスとしては待機というよりは「～資格」、というほうが近いようだ。

※2ウイングマンとは「僚機」のこと。戦闘機は通常、リーダーとウイングマンの2機がペアとなって行動するが、リーダー(指揮)機の僚機として飛べる資格をもったパイロットをウイングマンという。

突然、暴れ馬となるファントム
――それを乗りこなすのが腕の見せ処――

ファントムの飛行特性で、他の戦闘機と異なるもののひとつに、何と言っても低速での飛行特性があげられる。

低速で急激にエルロンを使うと、なんと旋回したい方向と反対側にひっくり返る。初めて経験するパイロットはあらかじめ知識はあっても驚愕する。いわゆる「アドバース・ヨー」と言われるファントム特有のパイロット泣かせの現象である。

この原理を簡単に解説してみよう。ファントムの主翼は、インナー・ウイング（内翼）とアウター・ウイング（外翼）とに分かれている。そして、アウター・ウイングはウイング・ホールドと言って上方に折りたたむ事ができる。これは、ファントムが艦載機として開発されたため、空母の狭い空間に搭載することを前提に設計されたからである。そして旋回に必要な主翼の揚力と抗力を発生させるためのエルロンとスポイラーはインナー・ウイングだけについている。このため、機動性を確保するためにエルロンなどの面積も大きい。例えば、右旋回するとしよう。この場合は、操縦桿を右に倒す。すると左エルロンは下がり右スポイラーは上がる。左エルロンが下がることと、右スポイラーが上がることにより左翼に揚力が生じるとともに右翼に抵抗が生じ、機体は右に旋回する。

しかし、これは通常の戦闘速度域での話である。これが低速で高迎角（機首を上げた状態）となると話は違ってくる。右旋回しようとして操作した左翼の下がったエルロンが抵抗となり、機体が左に偏向（ロール）しようとするモーメントが働いてくる。つまり、低速度域で右に旋回しようと操縦桿を右に操作してもファントムは左にロールし始める。パイロットの意図した方向とは反対方向にひっくり返るというわけだ。この現象が、アドバース・ヨーといわれるファントム特有の動きである。この時、ファントム特有のラダーを使っての調和された操作が必要となってくる。

転換学生に教える時は、「ラダー・ファースト」と言って教える。つまり、旋回するときは、「ラダーを先に踏め！」、ということだ。この現象が、初めてファントムに乗るパイロットを悩ませる。これを防ぐため低速時の高迎角での操縦は『足でやる』くらいの意識が必要だ。つまり、旋回するのにエルロンを使うよりもラダーを先に使って操縦する。ピッチアウトから着陸までは足で操縦する感じである。足で操縦するなんて戦闘機は、後にも先にもこのファントムだけで、足癖の悪い奴は苦労することになる。

さて、初めてファントムに乗る新人パイロットを教育するときは、後席の教官は操縦桿が左右に動かないように足で挟んでいた（操縦桿は前後席が連動して動くようになっている）。低速で

フラップを下げきった着陸態勢。ここでエルロンを下げても、下げた側の抵抗が増して反対にひっくり返る（写真：K.Tokunaga）

通常の飛行ではエルロンを下げた方の翼が持ち上がる（写真：K.Tokunaga）

操縦桿が教官の足に当たるようでは、まだまだファントムを乗りこなしていない証拠である。まったく、この辺りは人間工学を考慮して設計されていない。

またファントムは、低速域ではダンプカーが空中に浮いているようなもので、ほとんど機動性がない。そして高迎角で急激なコントロールをすると暴れ馬に変身する。これで、墜落しかけた例は枚挙にいとまがない。アン・コントロールになったら「HANDS OFF」（手を放せ）という手順もあった。なまじっかコントロールすると余計に言うことを聞いてくれない。「怒った時になだめすかしても余計に怒り出す彼女」、という感じによく似ている。そんな時は放っておくに限る。自然に怒りは収まってくるはずだ……。

しかし、デメリットはメリット、上空ではこの特性をうまく使いこなせば思いがけない機動ができる。敵機が後方に迫った時、操縦桿を引き、AOA（Angle Of Attack＝迎角）を上げると同時にトップラダー（旋回と反対方向のラダー）を踏む。そうすると、ファントムはねじれるように大きく反転する（右旋回していればGをかけたままロールして左旋回に入る）。追随していた敵機はこの動きについていけず、前方にのめってしまう。ここで、攻守が逆転することとなる。この機動を太陽の方向に向けて垂直系でやると効き目は抜群。追尾してきた敵機はいっぺんに前方に追い出される。そこで機銃により「FOXⅢ」（フォックス・スリー）をコールする（機銃で撃墜《キル》したときはこの用語を使う）。ちなみに、「FOXⅠ」はレーダーミサイルで、「FOXⅡ」

はヒートミサイルで撃墜した時にコールする。

ただし一歩間違えば、アン・コントロールからスピン（きりもみ）に入る。ファントム・ライダーでも百戦錬磨の熟練パイロットにしかできない技だ。上空でスピンに入ってしまったら着陸時に使うドラッグ・シュート（抵抗傘）を開く。そして、機首が下を向いてスピードを確保したら、それを切り離してリカバリーに入る。これもファントムならではのエマージェンシー・プロシージャー（緊急手順）であった。

空中でドラッグ・シュートを使ってリカバリーしたファントム・ライダー（前後席）は、その日の夜は仲間に生還パーティーをしてもらうのが常であった。当然、飲み代は生還したパイロット（前席）のおごりである。まあ、命が助かったのだから一夜の飲み代くらい安いもの。ファントム・ライダー気質はこのあたりにも出てくる。

また、ファントムならではのプロシージャーが、前にも言った「BAD ENGINE CUT OFF」である。つまり、悪い方のエンジンを切れということだ。F‐104Jなどの単発エンジンで飛んできた私にとっては非常に心強いエマージェンシー・プロシージャーだった。ファントムは戦闘中にダメージを受けた場合に備えて、ハイドロ（油圧）系統とか電気系統とかも各エンジンからダブル系統でとっている。だから、片エンジンを切っても飛ぶことはできる。さすがに戦闘はできないが。しかし、戦技競技会で片エンジンがフレームアウトして、片エンジンのまま逃げ切ったこともあった。昔だからできたことで、これももう時効の話だ。

じゃじゃ馬も飼いならせば従順な馬。「人馬一体」の言葉がぴったり、パイロットを裏切らない戦闘機、それがファントムだ。ただし、これを乗りこなすには相当の技量と経験がいる。これを乗りこなした者だけが、真のファントム・ライダーとしての仲間入りが許される。

ちなみに、戦闘機の三人称単数は「Ｓｈｅ」つまり、彼女である。ファントムは写真映えのする美人。多くのファンを魅了するファントムのグラマラスな姿は他の戦闘機を寄せ付けない。特に地上で写真を撮るときは、インテークを入れた斜め前からがいい。コクピットに立ち上がって後ろを振り向いたときのお尻のアングルがまたいい。これを知っているのはファントム・ライダーだけである。

教官泣かせのファントム

——前が見えない！——

ファントムの教官資格を取得するには、後席での着陸操作ができなければならない。これがまた難しい。夜間での後席着陸などは、初めて経験する者にとってはまさに神業に近い。後席の計器盤と前席のヘッドレストが邪魔をして後席から真正面がよく見えない。頭を左にしたり右に振ったりで、後席キャノピーの両サイドの隙間から滑走路を見ることになる。接地の直前は、顔は正面で、目は両サイドのランウェイ端の流れをクロスチェックしながら滑走路の中心に着陸するという、まるで鳥の目のような職人技であった。

教官にもプライドがある。前席学生に、「滑走路にまっすぐアライン（正対）してるか？」なんて、口が裂けても聞けない。時には、新任教官が着陸をデモンストレーションする時、滑走路からずれていたために「教官、滑走路から外れています！」と学生から言われたりする。しかしそこは、教官の教官たる所以、「おぅ！ その一言が聞きたかった。よく見てるな！」と言って、ごまかした強者もいた。

しかしこれが横風着陸だと比較的楽になる。機体を滑走路に正対させるには機首を風上に向けたままアプローチすることとなる。いわゆるクラブ・アプローチである。つまり、蟹の横ばいのような飛行なのでその名がついた。機体が左右どちらか斜めを向いたままの進入になり、斜め横からキャノピー越しに前方を見ることができる。そして、横を向いていても自分が滑走路の真ん中に飛び込むようにアプローチして、接地直前に機体をまっすぐ戻して接地する。

F‐4EJ改（以下、F‐4改）になってからは、後席のレーダー・ディスプレイに前席から見たHUD（Head‐Up Display＝ヘッドアップ・ディスプレイ）の表示・景色が映し出せるようになり（車のバックモニターの感じ）、教官も楽になった。

また、初めてファントムに乗る学生にとって、前述の低速度域でのラダー・コントロールはなかなかなじめない。低速度域で動きが鈍いものだからどうしてもエルロンを大きく使用しがちになる。後席に乗る教官もそのあたりの学生の犯しやすい過ちは心得ている。その時は、両膝で後席の操縦桿を挟み、ある程度以上は動かないようにして待ち構える。しかし、着陸時のように事前に学生の犯しやすい過ちがわかっている時はいいが、上空での空中戦闘時、高迎角になった時に学生が不意にエルロンを使用する時がある。この時は、間に合わない。前後席2人してリカバリーに冷や汗をかくときもある。

私が第301飛行隊の飛行班長をしていた時の話だ。ある学生の離着陸訓練を地上でモニターしていたら、ベース・ターンからファイナルにロール・アウトした瞬間、ファントムが大きくノーズ・アップ（機首を上げること）したように見えた。次の瞬間、失速直前に似たファントム特有の動きを始めたように見えた。丁度、機首が上がった状態で左右に「いや、いや」をする動きだ。高度は300フィート（100メートル）くらい。指揮所で見ていた私は、「あっ！墜ちた！」と一瞬思った。その時、後席の教官は私の同期M3佐だった。しかしさすがはベテラン教官である。高度が低いにも拘らず、増速してリカバリーするために、後席で操縦桿を前に押したのだ。地上が迫るその高度で、だ。

ファントムの失速からのリカバリー手順は、「スティック・フォワード」つまり、操縦桿を前

着陸するF-4EJ改。新米パイロットとその教官にとって、ファントムの着陸は緊張モノだ（写真：S.Akatsuka）

に倒せ！　だ。しかし、これは高度に余裕がある上空での手順である。この低い高度で操縦桿を前に倒すということはほぼ地面に激突することを意味する。それでもM教官は、操縦桿を前に倒した（後で聞いたら、「操縦桿を前に倒して最悪、滑走路にぶつけるつもりだった」と述懐していた）。まさに、ファントムを乗りこなしたベテラン教官ならではの判断である。

この時は、ギリギリの高度でやっとのことでリカバリーした。そして、ゴー・アラウンド（着陸復行）できた。無事にゴー・アラウンドしたときはみんなで拍手喝采、見事なリカバリー手順であった。後でこの時の状況を当該パイロットが報告にきた。ファイナルで風にあおられ、思わずエルロンを使用し、かつ定められた速度以下になってしまいディパーチャー（失速域）に入りかけたとのこと。当然、この学生は、ピンク・カード（不合格）である。その夜は、学生のおごりで生還祝いをやったようである。

ベテラン教官でさえも、地面に足が着くまでは決して気を緩めてはいけないといういい教訓である。そして、教官泣かせのファントムならではのエピソードでもある。

話は変わるが、私はリタイアしてから現役時代の夢をよく見る。決まっていい夢は見ない。さすがに墜落炎上の夢を見たことはないし、自分が墜落した夢もまだ見たことはない。墜落寸前でなぜか目が覚める。本当に、ろくな夢は見ない。失敗して焦っている夢ばかりである。夢もよくしたもので焦りまくっている時に目が覚める。落下傘を忘れ、取りに帰っているうちに、編隊長はもうエンジンを回してタクシー・アウトして置いてけぼりをくっている夢（F-86F、F-104Jはパイロットが落下傘を背負っていった）。自分の乗る機番を忘れて駐機場でうろたえている夢。編隊長として新しい飛行隊に赴任し、訓練もしていないミッションを突然スケジュールされてパニくっている夢、リーダーの機番を忘れて誰について行っていいかわからなくなっている夢、タックネーム（通称）で書かれたスケジュールを見て誰が誰だかわからなくなっている夢、等々……。いずれも、かつての失敗談だ。よほど潜在意識の中に刻み込まれているのか、当時のストレスが相当のものだったのか、それが夢の中で噴出しているのかもしれない。

昔のパイロット仲間に話すと、みんな同じような夢を見るという。いいこともあったはずなのになぜ失敗の夢ばかり見るのだろう。

最後のアナログ戦闘機
――職人技で飛んだファントム――

ファントムを飛ばせるためには、多くの隊員の努力がある。滑走路を補修する施設隊の隊員、事故時の火災に備える消防小隊の隊員、食事を作り、寝るところを提供する業務隊の隊員、燃料車、タグ等の車両を整備する車両器材隊の隊員、給料等のお金を管理する会計隊の隊員、事故が発生した時に活躍する最後の砦と言われる救難隊の隊員、飛行機を管制する管制隊の隊員、その日の気象を予報する気象隊の隊員──それら多くの隊員に支えられ、安全に飛ぶことができる。

中でも、ファントムが故障した時に昼夜を問わず修理する修理隊、検査隊等の部隊整備員とよばれる隊員たちは、ファントムの隅々までを知り尽くしたプロ集団だ。また、部品を調達するために補給隊が活躍する。彼らの努力によりその部品がタイムリーに供給され、故障したファントムが一晩でよみがえる。こうして、多くの縁の下の力持ちたちに支えられ、ファントムは今日も列線に並ぶことができる。

そして、最後にファントムをその眠りから目覚めさせるのは、APG（Air Plane General＝列線整備員）と呼ばれる整備員達だ。通常、フライト開始の2時間前には出勤し、格納庫からファントムを列線に引き出し、PRと呼ばれる飛行前の点検を開始する。点検項目は200近くある。それを3〜4名のチームで、チェックリストにそって手際よく点検していく。インテークの中には素足で入り、エンジンの中までチェックする。ここで、ドライバーなどの工具を置き忘れると、エンジンがそれを吸い込み、空中爆発の危険性もある。寸断の気のゆるみも許されないプロ集団の世界である。そうして、準備万端の整備を終えるとファントム・ライダーたちを迎え、ファントムのエンジンに火を入れる。ここで初めて、ファントムは目覚め、プリタクシー・

（写真上）機体を入念に点検する列線整備員たち。どんな些細なトラブルも見逃さない（写真右2枚）20ミリ弾を搭載し、翼に装着された訓練用ディスペンサーを確認する武器弾薬員たち（写真：S.Akatsuka）

チェックに異常がなければ、あの腹に響くようなうなり音とケロシンの焼ける独特の匂いを周りにぶちまき、地上滑走をはじめる。

滑走路に入る前には、「ラストチャンス」と言われる最終点検がAPGによって行われる。彼らにとっても自分の整備した機体の最終点検だ。これが終わって、パイロットに「オッケー!」のサインを送る。ここでファントムは整備員の手からパイロットの手へと引き継がれる。パイロットは、整備員の仕事を信頼して飛ぶ。ランナップを終えたファントムは、J79エンジンのアフターバーナーを全開、20万馬力のパワーで、腹に響く爆音を轟かせ大空に飛び立っていく。彼らは自分の整備したファントムの機影が見えなくなるまで見送っている——。

F-4EJファントムは整備員泣かせの戦闘機でもあった。まず、エンジン・スタートには、外部電源とエアーを送る起動車が必要であった。ただし、今では考えられないが、緊急手順として火薬の発火を利用したカートリッジ・スタートという方法もあった。これは必要なときにその都度、装着され、緊急飛行場などに着陸して地上支援機材がないときなどに使用される。また、ファントムは設計年代が古いため、飛行前点検、ドロップ・タンクの取り付け、ミサイル等のウエポンの搭載、タイヤの交換などに新しい機種にはない重労働が要求される。少々のことでは壊れないが、小さなトラブルはいつも発生する。その都度、整備員のカンと経験でトラブル・シューティングをすることとなる。

アナログ感覚のベテラン整備員などは、タクシー・アウト時のエンジン音でその機体の調子を判断していた。私もこれで助けられたことがあった。ある日、地上滑走前に整備員がストップのシグナルを出した。「なんで止めるのか」と思って、地上とコクピットをつなぐインターホンで確認したところ、「どうもエンジンの音が普通と違うような気がします」という。計器を見ても異常はない。しかし、そのストップをかけた整備員はベテランである。私は、黙ってこの整備員のアドバイスに従ってエンジンを切ってフライトを中止した。後から調べてみると、エンジンのコンプレッサー・ブレードが少し欠けていて、その破片が他のブレードを損傷していた。あのまま飛んでいたら、空中でエンジン火災を起していたかもしれない。こうして、五感を研ぎ澄まして人と機体が一体となって飛んでいた時代だった。

戦闘機機動中、パイロットは高度計と速度計を見て位置エネルギーを判断し、操縦桿にかける力を加減する。計器盤はすべてアナログ計器。レーダーもロー・ビデオ（デジタル処理されていない生の反射波）を映すため、アンテナ角度を微妙に操作しないと敵機が映らない。しかし、レーダー・スコープに写るブリップ（輝点）の大きさにより大型機か小型機かの判別もできた。ただ、レーダー波をうまくターゲットに当てないと反射が得られず、スコープには機影が映らない。

この操作は、後席のジョイ・スティックと呼ばれる右コンソールにあるスティックを握りながら行う。このスティックの上方に小さなギザギザのついた丸いリングがある。丁度、小さな腕時計の大きさぐらいのリングである。そのギザギザが1ミリ単位くらいで刻まれている。熟練したGIB（Guy In Back seat＝後席操縦者）は、0・5ミリ単位の微妙な操作でアンテナ・ビームをターゲットに当てる。中には、右手の航空手袋を外してこの微妙な操作をしていたGIBもいた。クリックを上に回すとレーダー波は上方に、下に回すと下方に指向する。ターゲットの動きにこれを合わせるのが非常に難しい。特に、ターゲット機がスプリットSなどの大きな高度変化を伴う機動をする場合などは至難の業である。しかし、ベテランGIBは、自分がスプリットSを打ち真下に突っ込みながらも、高度変化を伴うターゲットを捕捉し続けていた。そう、ファントムは、後席操縦者にとっても職人技が要求される機体であったのだ。

スーパーファントム、F-4EJ改、登場

―よみがえったファントム―

現役延命を図って近代化されたF-4EJ改（以降F-4改と呼ぶ）がデビューしたのは昭和も末の62年（1987年）だ。

F-4改になって、HUDが追加され、F-16Aと同じAN/APG66Jレーダーに換装後は

データがデジタル化され、下方の目標を探知してミサイルを誘導するルックダウン、シュートダウン能力を備えた。また、新たに備えたセントラル・コンピューターと火器管制システムは、F-15Jと同じ遠距離用の空対空ミサイルAIM-7Fレーダーミサイルと格闘戦用のAIM-9Lヒートミサイルを装備し、空戦能力は格段に向上した。また、F-1支援戦闘機と同じASM-1対艦ミサイルも搭載できるようになった。

各種搭載機材の近代化により、F-4改は航空自衛隊の戦闘機の中でも多様なミサイルを搭載でき、まさに多用途戦闘機として生まれ変わった。また、ECM能力、自己防御能力、敵味方識別装置、後方警戒装置、INS（慣性航法装置）等も近代化され、第3世代の戦闘機から第3・5世代の戦闘機に生まれ変わった。この0・5世代の違いは戦闘機の能力にとって極めて大きいものがある。また、INSの換装により低高度での精密航法が可能になり、対地・対艦攻撃が非常に楽になった覚えがある（改修前は1時間で約2〜3NM※の誤差がでていた）。

我々ファントム・ライダーもやっと第4世代の戦闘機と互角に戦えるようになった。近代化が功を奏し、アラフィフのアナログ熟女が現代のバリバリIT系の女子に生まれ変わったようなものだ。F-4改の運用試験は、後日、私が飛行隊長として赴任する第306飛行隊で実施した。だから私が飛行隊に赴任した時にはF-4改に関するデータはすべてそろっていた。

当然、後席のロードも格段に楽になった。前述のように、ジョイ・スティックで職人技のコントロールをする必要もなくなった。コンピューターの制御でレーダー波が広い領域をカバーしてくれる。レーダー・スコープに機影が映らないのは、GIBのせいではなく、コンピューターのせいになったのである。「映らないものは、映りませぇ〜ん!」と開き直ることができる。その代わり、今度は前席の操作で戦闘ができるようになったため、前席のロードが増えた。スイッチ操作でコンピューターのどの部分を作動させるかが重要になってくる。アナログ感覚で飛んでいた私にとって、慣れるまでは、同じ機体にも拘らず全く別の戦闘機に乗っているような感じだった。

また、F-4改は、HUDにより姿勢、高度、方向、速度、ターゲットの位置、ウエポンの種類等が前方の風防にすべて映し出される仕組みになっている。しかしアナログ計器に慣れ親しんだ私は、HUDの起動を忘れたまま何の違和感もなく飛んでいたこともあった。ある日、着陸して整備員から「HUDの調子が悪いみたいで修理したのですが、どうでした?」と聞かれ、まさかスイッチを入れ忘れていたとも言えず、「オッケー・サイン」を送って適当にごまかした思い出もある。

また、デジタルの計器だと数字を読み取らなければならない。その点、時計の針のようなアナログ計器は、ちらっと見たその針の位置で高度、速度を感覚的に読み取ることができる。その分、敵機から目を離す時間が短くてすむ。針の穴のような大きさに見える遠方の敵機から1秒でも目を離すと焦点がずれ、大空に溶け込んで見えなくなる。デジタルだと数字を読み取らなくてはいけないのでどうしても計器を見る時間が長くなる。アナログ計器も捨てたものではなかったのである。

さらに、経験を積むと、計器を見なくても操縦桿に伝わる微妙な感触でファントムを動かせるようになる。初代のファントムにはアナログ戦闘機とアナログ人間との二人三脚の世界があった。しかし、新しいF-4改の戦力を最大発揮するためには、やはりこのコンピューター・システムを使いこなさなければならない。F-4改に乗り始めた頃は、慣れるのに苦労したものだった。初めからF-4改に乗った若いパイロットの方が、私たちよりもなじみやすかったみたいだ。違和感なくスイッチを操作して、持てる戦力を発揮させ、こっちがついていけなかったこともあった。

※NM=海里。1NM=1・852km

複座戦闘機の長所と短所
―前後席の危ない関係―

ファントムにはご存知のように2人のパイロットが乗っている。通常は、前席が操縦し、機長である。ただ、前席に資格がないときは後席が機長となる。操縦桿は後席にもあり、後席だけでも操縦することができる。例えば、多数機による攻撃編隊を組むミッションの時などは、空中指揮官が後席に搭乗して多数機編隊の指揮をとることもある。この時の編隊指揮官は、自分の操縦に煩わされることなく、編隊全体の動きが見えるため、状況判断、編隊指揮だけに集中できるメリットがあった。

通常後席は、レーダー操作、ナビゲーション等の任務を受け持つ。F-4改になってからは前述の通り後席レーダー操作のロードが格段に軽減され、下手なGIBを乗せても前席だけのスイッチ操作でレーダー操作ができるし戦闘もできた。ただ、2人乗りの強みは目が4つあるということだ。格闘戦においては目視による索敵が大切になり、それが勝敗を決する。前席は前半分、後席は後ろ半分と索敵範囲を分担することができる。また、追尾中のターゲットに対して前席はそのターゲットから目を離せないときがある。こんな時に限って敵の他の1機が自機の後方に回り込んでくる。この時、後席に「後ろを見ておけ!」と指示する。そうすれば、前と後ろ両方の警戒を分担してできる。また、格闘戦に入って、どうしても計器に目をやることができないときは、GIBに高度、速度を読ませて、敵機だけに集中して戦闘ができる。これがファントムの一番の強みである。

ただ、単座機から機種転換した私にとって、当初は2人で乗ることの煩わしさもあった。それがクルー・コーディネーションである。輸送機のコクピットでは常にこれが要求されているわけだが単座機で好き勝手にやっていたパイロットが、後席との連携を取らなければ戦力を発揮できないということになると、ストレスがたまる。1人でやる方がよっぽど楽だと思ったこともある。

気の合う者同士ならいいが、中には波長の合わないやつもいる。まあ、そこはプロだから顔には出さないが。また後席にとっては、前席に先輩が乗ることが多いのでやりにくい面もあっただろう。

このように、クルー・コーディネーションの大切さが強調されるファントムでは、事前のブリーフィングで上空における任務分担をしっかり決めておかなければならない。前後席のペアはその都度代わるし、それぞれのパイロットにはそれぞれの癖と技量差がある。要求してもできないやつもいる。このクルー・コーディネーションがうまくいかないと、2人で乗っている意味がない。それどころか、足手まといになりかえって戦力がそがれる場合さえある。

しかし、このクルー・コーディネーションがうまく機能した時、ファントムの持つ能力は倍増する。まさに、チームワークの威力である。

また、2人で飛んでいるので、勘違いなどのポカミスを防止する効果もある。管制塔からのボイスを聞き逃したとき、日米共同訓練で英語がわからないとき、眠たくなったとき、高度の読み違えによるミスなど、2人で協力しながらフライトができるのは安全上大いに役立った。さらに戦闘状態に入るとその真価が発揮される。それまで1人でやってきたことを2人でやるのだから前席のパイロットのロードは半減、その分、ほかのことに神経を集中できるため機体のもてる能力を最大限に発揮できるのだ。

ファントムは2人で一人前。まさに「ファントム無頼」の世界だ。

F-4EJ改のコクピット

[前席]

F-4EJ同様のアナログ計器が並んでいるが、正面計器盤の上にHUDがあることでF-4EJ改だとすぐにわかる前席コクピット。操縦桿は各種操作を行えるHOTAS概念が導入されている（写真：S.Akatsuka）

[後席]

後席もF-4EJ時代とほぼ同じ計器が並ぶが、正面右側の円形のレーダー警戒受信機（RWR）や中央下にある四角いレーダー表示装置が新しくなっている。前の景色は、やはりほとんど見えない（写真：S.Akatsuka）

すべてのミッションをこなせるようになるまで大体10年くらいの年月が必要とされる戦闘機パイロット。それから先の10年~15年が第一線での任務ということになる。その後は、教官操縦士か輸送機又は救難機への転換、そして一部の者はデスクワークの仕事をすることになる。

私は、29歳でファントム・ライダーの仲間入りをした。戦闘機パイロットとして一番脂ののっていた年齢である。そのころ、先輩に対する気遣いはあまりなかったような気がする。先輩から「お前は先輩を先輩と思っていない!」とストレートに言われたこともある。ファントム・ライダーの仲間入りをして間もなく、3年連続で戦技競技会に出場でき、さらに2度の優勝を勝ち取ったという自信が、生意気な自分にしていたのかもしれない。まさに若気の至り、今から思えば恥ずかしい。

第2章

猪突猛進、私の訓練生時代

目ざせウイング・マーク

——2時の方向に痔核!?——

ウイング・マークへの道は今も険しい。現在、航空自衛隊のパイロットになる道は、

①航空学生として飛行コースに入る。

②防衛大学校を卒業して飛行コースに入る。

③一般大学を卒業して飛行コースに入る。

という3つのコースがある。そして今も昔も、航空学生課程に入り、飛行幹部候補生としてパイロットになるコースが主力である。航空自衛隊の現役パイロットの約70%以上がこの航空学生出身である。さらに飛行教育の各課程の教官は、80%以上が航空学生出身者である。

私も航空学生出身なので、ここでは航空学生を例にとってウイング・マークを取得するまでのプロセスについて話してみたい。

ウイング・マークというのは航空自衛隊のパイロットとして認められた証のライセンスだ。これから話す、毎日の過酷な訓練に耐えた者だけに与えられるライセンスである。

当時、高校卒業で受験する航空学生の試験は、1次試験と2次試験だった（今では3次試験までである）。1次試験は、理工系の試験だった（現在は、文系も重視されている）。私は、文系での

大学受験をめざしていたので物理の時間はほとんど内職をしていた（つまり他のことをしてサボっていた）。だから、航空学生受験時の物理の点数は0点に近かったと思う。まあ、それでも他の科目でカバーできたのか、無事合格できた。

2次試験は、まず身体検査。目の検査だけでも遠距離視力、中距離視力、近距離視力は当然として、視野、斜位、色の識別、前後の調節力等、全部は忘れたが、まだまだ、いっぱいあったような気がする。パイロットは体が資本、身体検査は普通の仕事に比べると、とにかくいろいろあってしかも厳しい。これは今も同じだろう。しかし極めつけは、医官の前で下着を脱いで、「後ろ向きになって前かがみになりお尻を出せ！」と言われたこと。誰にも見せたことのない秘部を他人に見せろというのである。いったい何を検査するのかと思ったら、その医官は、私の大事な部分を手で広げて、「2時の方向に小さな痔核ありっ！」と、のたまうではないか。傍らの看護婦（当時は看護師とは言わなかった）は、「ハイ、2時の方向に痔核」と大きな声で復唱する。それまで痔になった覚えもなかったが、おそらくこれでお陀仏かと思ったら、幸いにも小さなものだったらしく合格した。それにしても、これは紅顔の美少年？には驚愕の初体験であった。

2次試験ではさらに、実機には乗らないが簡単な操縦適性検査があった。今に思えば、あまり科学的とは思えない旧軍の名残のような検査であったような覚えがある。円盤にいっぱい飛行機の絵が描いてあり、2本の針がアームに取り付けてあって、その2本の針が飛行機に当たらずに、円盤を回転させる試験があったが、他は覚えていない。多分今では、あんなことはやっていないだろう。今は3次試験として、実機に乗って適性検査をしている。

この2次試験まで受かると晴れて航空学生の合格通知を貰うことになる。当時の競争倍率は50倍くらいだった記憶がある。まさに、狭き門であった。

喜びもつかの間、今思えばそれは、訓練生という地獄への招待状であった――。（ただこの表現は、あくまでも半世紀近く前の話であることをお断りしておく）

航空学生課程での隊内生活は、それまでの私の高校生活からすると、想像を絶するものであった。朝6時起床。5分以内に寝ていたベッドの毛布をたたみ、服装を整え、上半身裸で集合（真冬でも）。点呼終了後は隊列を組んでの駆け足。朝食、隊舎の清掃を終えると8時から午前中の課業開始。習う科目は主として理数系の短大レベルのカリキュラム。そして昼食をはさんで午後の課業開始。

午後は主として、体を動かす訓練が主体。サッカー、ラグビー、バレーボール等の球技を通してチームワークの大切さと強靭な体力を養う。野外訓練では、真夏の暑い時期に小銃を担ぎ60キロ行軍を行い、体力の極限までを試される。日本古来の武道では精神力を養い、剣道は初段、銃剣道は2段を目指す。

17時の課業終了後は夕食、課外活動と続き20時頃から翌日の学科に備えての自習時間。テレビなどはほとんど見る時間もない。当然、携帯電話もスマホもテレビゲームもない時代、22時消灯となり、長くも短くもある1日が終わることとなる。疲れているのですぐに爆睡、夢の中へ。だが、寝たかと思ったら起床ラッパの音で目が覚め、また1日が始まる。起床ラッパで始まり消灯ラッパで終わる毎日だった。同じころ、高校の同級生だった者たちは、大学でまさに青春時代を謳歌していた。

入校後は、色々とあったものの1年3か月後（今は2年制となっている）には無事卒業し、奈良基地の「英語教育課程」へと進んだ。ここでは朝から晩まで英語漬けの毎日が続く。寝言を英語で言っている者もいた。飛行中は地上との交信に英語を使うので、英語ができないと次に進めない。また日米共同訓練などで英語力は必須である。ここでは、英語の成績の良い者順に卒業し飛行教育課程へと進むという、非常に合理的なシステムだった。早いコースは約3か月、遅いコースは約半年で卒業して、地上準備課程を経て実機による飛行訓練が始まる。

飛行訓練は、防府基地と静浜基地に分かれてプロペラのT‐34練習機での「初級操縦課程」から始まる。そして芦屋基地でのT‐1ジェット練習機による初めてのジェット機操縦課程へと進む。その後、浜松基地でのT‐33ジェット練習機を使った「基本操縦課程」へ。ここを卒業するとウイング・マーク（胸に付ける航空徽章）を授与され、晴れて自衛隊パイロットの仲間入りが許される。ただし現在ではこの教育体系が変わり、T‐7（静浜基地、防府北基地）→T‐4前期課程（芦屋基地）→T‐4後期課程（浜松基地）を修了して初めてウイング・マークが授与されている。

ウイング・マーク授与式では、浜松基地全隊員の前で団司令から1人ずつ制服の胸にウイング・マークを付けてもらう。喜びに感極まる瞬間である。これで、初めて航空自衛隊のパイロットとして認められる。航空学生として地上教育に入ってから、すでに約3年半が経っていた。

しかし、実はまだまだひな鳥以下のパイロットである。ここから戦闘機での訓練が始まるのだ。浜松基地に残る者と松島基地に行く者とに分かれ、F‐86Fによる「戦闘機操縦課程」が始まる（今は、戦闘機操縦課程はF‐2またはF‐15戦闘機で実施している）。この課程を卒業して戦闘機部隊に配属され、そこからまた、実任務に就くための新たな訓練が始まる。高校卒業後自衛隊に入って、ここまでに約4年以上の年月を費やすことになる。

前進あるのみの訓練に耐えて

――ピンク2回連続で大ピンチに――

喉元過ぎればとはよく言ったもので、今になって思えば、どうと言うことはないのだが、飛行学生当時は毎日が地獄の苦しみだった。なにがそんなに辛かったのかというと、特に日々続く飛

初級操縦課程を学んだプロペラ機T-34メンター。ああ、今日もしごかれる……！

初めてのジェット機操縦課程で搭乗するT-1ジェット練習機

ウイング・マークまであと一歩！ T-33ジェット練習機

行訓練が苦痛だったのだ。

好きで入った戦闘機パイロットへの道なのに、なんで飛行訓練が辛いのか。それは、毎日のフライトが後戻りのできない、常に前進あるのみの教育だったからだろう。毎日が試験の連続といっても過言ではない。試験と言ってもいわゆるペーパー・テストではなく、実技試験、すなわち操縦チェックである。鬼教官と乗る毎日のフライトの結果にグレードが付き、優、良、可、不可の4つの段階に分かれた評価がその都度なされる。飛行学生は、それぞれの評価でもらうカードをブルー（優）、グリーン（良）、イエロー（可）、ピンク（不可）と呼んでいた。イエロー・カード連続の低空飛行をする者から、ブルー・カードが続く安定飛行のものまでそれぞれだ。また、それらを織り交ぜて色彩豊かに乱高下飛行するものもいた。

ただし、ピンク・カードを2回続けてもらうと、つまり、「不可」の評価を2回続けて受けると、検定資格のある教官と乗って「プログレス・チェック」を受けることになる。ピンクとイエローを交互にもらう分にはまだ許される範囲。ピンクが2回続くと、この学生に今後の進展性があるかどうか審査にかけられるわけだ。

私費で学ぶパイロット養成校と違って、我々は試験に受かるまでお金と時間をかけて飛んでいいというわけにはいかない。自衛隊は、限られた予算と期間でパイロットを育てなければならないのだ。だからおのずと評価も厳しくなる。

このプログレス・チェックでもピンク・カードを貰ってしまうと、今度はエリミネーション・チェックへと進む。つまり、自衛隊のパイロットとして今後教育する価値のある飛行学生かどうかを判断される最終試験である。この試験官には、通常、飛行班長か飛行隊長が同乗する。この結果については、たとえ検定官の上司であっても口出しをすることはできないのが原則である。通常、エリミネーション・チェックまで行った飛行学生が再び訓練を始めることはまずないと言ってもよい。

ほぼ毎日飛んでいるので、こうして次々と仲間がいなくなるというのは日常茶飯事であった。これは、我々にとってはものすごいプレッシャーだった。戦闘機パイロットを目指し一生懸命励んでいるそばから仲間がいなくなるのである。私の期の場合、入隊時100名近くいた同期生で、ウイング・マークを取得したのは半数程度であった。

こうして、我々は自衛隊のパイロットとしてふるいにかけられ生き残っていった。途中でふるい落とされて自衛隊を辞め、民間の航空会社で飛んでいる同期もいた。また、戦闘機パイロットとしての適性がなくても、輸送機、救難機などに進路変更して戦闘機パイロット以上に過酷な任務を遂行してきた同期もいる。要は、適性の問題であって、その人の人間性とは全く関係のない世界なのだ。どんな機体であっても、パイロットにはこの適性が大きく左右する。

さてそんなわけで、訓練当時は飛ぶのが嫌で仕方なかった。朝起きて空を見る。雨が降っていたらほっとする。なぜなら「飛ばなくていいから」。晴れていたら、いや～な気分になる。「ああ、今日もまたあの教官に怒られるのか……」。ただ、優しい教官だと飛びたい気持ちになる。要は一緒に飛ぶ教官によってその日の気分も変わるのだ。しかし、いったん飛行訓練が始まれば、その前の気分はどこへやら、やる気モード全開だ。まあ、苦しみといってもその程度だったのかもしれないが、当時の同期に聞いてみるとみな私と似たり寄ったり、苦しい日々だったようである。

しかし、この苦しみの毎日のおかげで、戦闘機パイロット達は、何ものにも負けない不屈の精神と闘うことの厳しさを養うことができた。あの苦しみに耐えたからこそ今があるのではないだろうかと思う。

こうして書いていると、まるで苦しみだけのような印象を受けるかもしれないが、ある時期を過ぎると苦しみの中にも喜びを見つけることもできた。上手くできて教官に褒められた時（昔はほめて伸ばす教育はあまりなかったが）や、まぐれであっても今まで出来なかったことができて操縦技術が一皮むけた時などだ。ちょうどスポーツの選手が、スランプに陥り伸び悩んだ末に技術を体得するのに似ている。その時の達成感は、なにものにも代えがたい。上空での日々の訓練の中には何度やってもうまくできない科目もある。しかし、それがあるときふっとできた時の喜びと達成感。これがあるからこそ次の一歩を踏み出すことができる。苦しみの中にも一瞬でも、その喜びと達成感を感じる事ができれば、人は次に進むことができるのだ。

若い時の苦労はその後の人生を豊かなものにしてくれる。何事も、人生経験。パイロットの世界も同じである。我々は戦闘機パイロットになるというゴールが見えていたからこそ厳しい訓練にも耐えることができたのだろう。

ところで後年、米空軍の飛行教育を視察に行く機会があり、驚いたことがある。米空軍では学生が教官を選ぶことができるシステムになっていたのだ。何でもかんでもというわけではないが、教官の教育法が悪いか、また教官と学生の相性が悪いがためにその学生が伸び悩んでいるような場合は、教官の変更を上申することができるシステムになっていた。日本にはない、この米軍の合理性には大いに学ぶところがあった。

操縦教育はパワハラ全開!?
――個性で教える教官たちのはざまで――

当時の飛行訓練で受ける指導は、今でいうパワハラそのものだったような気がする。バカだのアホだの言われながらしょっちゅう叱られてばかりだった。最近よく「心が折れる」という言葉を聞くが、教官に叱られたくらいで心が折れるようでは戦闘機のパイロット、いやパイロットそのものに向かないと思う。

当時の教育法はそれぞれの教官の持ち味でやっていた。今で言うコーチング教育も受けたことがない教官ばかり。そもそもコーチングという概念もなかった。だから、自分が育ってきた環境で教育法が違う。優しく諭す指導、叱って怒鳴りまくるだけの指導、口数少なく手本だけを示す指導等、千差万別の方法で、それぞれの教官の個性に合ったやり方で教育されていた。

その中でも学生がなぜできないかを考えもせず、ただ叱るだけの教官には参った。こちらが聞きたいことと教官が言いたいことが食い違っているのである。重ねて質問をすると「お前は、まだわかってないのか!」と、また叱られると言った始末だから、質問するのもはばかられる。で、ますますわからなくなる。こちらが聞きたいことを聞けるような雰囲気を作ってくれない。昔、苦労せずに過ごしてきた教官にこの手が多かった。苦労せずに操縦技術を体得したものだから、学生がなぜできないのかがわからない。反対に、自分が苦労して育った教官は、学生のできない理由がよくわかって、指導も的確だった。今では、学生が上空で犯しやすい過ち、指導のポイントなど、統一した指導法が定着しているのでこんなことはない。

ブリーフィングの時などは机の上の物が飛んでくることもあった。こっちは、危ないと思うからよける。すると、「なんでよけるのか!」と言って怒られる。なんと理不尽な…と何度思ったことか。しかし、それに耐えてこそ戦闘機パイロットへの道が開けたのではないか、と思ったりもする。

中には、旧軍上がりの教官がいて、駐機場で正座させたり、落下傘を担いで走らせたりしていた。極めつけは上空で失敗を繰り返した学生を着陸後誘導路で降ろし、そのあとをプロペラ機で追っかけるという教官もいた。学生はプロペラに当たったら大変だから嫌でも必死に走らなければならない。誘導路をプロペラ機に追っかけられながら走っている姿は端から見たら面白いシーンかもしれない。でも、笑い話では済まされない、当の本人は必死である。これをパワハラと言わずになんと言おうか。こんな環境で育てられた我々の年代のパイロットに打たれ強い人間が多いはずだ。

ところで教育法には二通りあると思う。一つは、褒めてその者の持てる長所を伸ばす教え方、もう一つは、叱ってその者のもつ欠点を徹底的に直す教え方だ。スポーツの世界では、ある程度の基礎ができている者に対する教育は前者の方がいいかも知れない。しかし、こと飛行教育については一瞬のミスが命を奪う。そういう意味では、徹底的にミスを指摘し、体に焼き付けるという指導法は間違いではなかったように思う。

技術のみを習得するのであれば褒めて育てればよい。子供なら褒めればいくらでも伸びる。しかし我々には、飛行技術だけでなく、敵と戦うという任務が待っていた。誰にも負けないという闘争心と強靭な体力、そしていかなる過酷な状況でも生きて帰るという、強い精神力が必要とされる。

教育法も定着していない時代の教官たちは、それぞれの先輩から知らず知らずのうちに教育法の本質を学んでいたのかもしれない。それを一人一人の訓練生の個性に合わせてうまく表現することができなかっただけかもしれない。いずれにせよ指導法には一長一短がある。当時は、反面教師の教官もいたが、多くの素晴らしい教官、先輩に出会ったのも事実である。

初めての戦闘機訓練へ
――単座機への挑戦――

私たちはウイング・マークを手にすると、F-86Fセイバーによる「戦闘機操縦課程」へと進んだ。ここで初めて1人乗りの戦闘機に搭乗した。その頃は、シミュレーターも何もない。初めから1人乗りである。まずは、教官監視の下でエンジンスタートから練習する。無事、エンジンがかかりプリ・タクシーチェック（飛行前点検）を終えると地上滑走へと進む。教官はキャノピーの横にしがみついて見ている。ステップに足をかけて、コクピットをのぞき込むようにして乗っているのである。滑走路に入り、シミュレート・テイクオフ（模擬離陸滑走）を始める。これはエンジンをフルパワーまで出し、離陸直前にパワーを絞ってスピードを緩め、実際には離陸しない訓練である。そのままにすれば、数秒で離陸するスピードまで加速する。時速100キロ以上は出ているであろうか。その間も教官はキャノピーの横にへばりついて、学生の操作を監視している。たしか、パワーは、教官自らがキャノピーにへばりつきながら絞ったと思う。片手でキャノピーに体をあずけ、一方の手でスロットルを操作するという離れ業である。そうしなければ、緊張した学生はそのまま離陸しかねないからだ。教官をぶら下げたまま離陸したのでは、教官は命がいくつあっても足りない。その時は当然、エリミネーション・チェックにかけられるだろう。

このシミュレート・テイクオフで合格点を貰うと、次は全く1人で離陸する。いわゆる「ソロ・フライト（単独飛行）」である。離陸すれば当然着陸しなければならない。その時は、教官は滑走路のすぐそばにあるモビール・コントロールという場所で、無線機を握りながら胃の痛い思いをすることになる。上空では教官機が学生機のチェイス位置につく。丁度、ひな鳥に親鳥が寄り添って飛ぶようなものである。無線で色々と指示を出して学生機を着陸態勢にもっていく。着陸もはじめの間は教官の誘導で行う。「低いぞ！　パワーを足して、そうそう、はいパワーを絞って、よ〜し、ブレーキ！」。着陸して安心してしまい、ブレーキを踏むのが遅れてしまう学生もいる。そうなると止まり切らずにオフ・ランウェイ（滑走路逸脱）と言う事態になる。

この着陸の時ばかりは、日ごろ口やかましい教官も優しい。これも学生に過度の緊張感を与えてポカミスを誘発させないための親心である。

F-86Fセイバーは、学生にとって「初めて」乗る戦闘機だった

松島基地第4航空団に並ぶハチロクの列線。1970年代は第7飛行隊が教育部隊だった

こうしてある程度離着陸ができるようになると戦闘訓練が始まる。すべて1人で乗るため、今までのように後席から直接アドバイスを受けることもない。教官1機に学生3機という編隊での訓練もあった。

後席に教官が同乗していないため、他人には知られないミスもあった。そんな時は、自己申告で罰金を払うことになっていた。手順をミスしたら100円、目に見えるミスで危ない思いをしたら1000円と、金額はすべて自己申告である（その頃の100円は今の1000円くらいの価値があった）。貯まった罰金は、卒業時の大宴会で散財する（私たちの代はコンパニオンを呼んで豪遊した覚えがある。そんなに貯まってしまったのである……）。「（戦闘機パイロットは）宵越しの金は持たず！」と言う豪傑教官もいた。中には、月に1万円単位で罰金を払う者もいた。当然、宴会では元を取り切れない。

大空では自分自身が頼り、自分自身へのごまかしは許されない。自分に厳しくなければ命を落とすことにもなる。当然、部下の命も失うことにもなりかねない。自己申告は自分への戒めであった。

こうしてひな鳥たちは、己に厳しく、自分に打ち勝つ克己心と自立の精神を養いながらたくましく育っていくのだ。

第3章

古き良き時代の戦闘機たち

F‐86Fセイバー
――ジェット戦闘機の先駆け――

ノースアメリカンF‐86Fは、航空自衛隊発足時に米空軍から供与された機体をもとに三菱重工でライセンス生産された。J47エンジンも石川島播磨重工（現在のIHI）でライセンス生産された。パイロットが熟知しなければならないTO（Technical Order＝技術指令書）も英文のままであり、冒頭に「No Guts No Glory」（闘魂なくして栄光なし）と書かれていた。この言葉は、後に触れるように、われわれ戦闘機パイロットの永遠のスピリットを端的に表現している。

私たちは、この機体を「ハチロク」と言う愛称で呼び親しんでいた。コンピューターと言えるようなものは何も搭載されておらず、機体とエンジン、そして機関砲とミサイルだけの、言うなればゼロ戦にジェットエンジンを積んだような――それが、当時の新鋭のジェット戦闘機だったのである。まさにパイロットの感覚と熟練した技で飛んでいた戦闘機と言えよう。

このハチロク、一応、全天候型戦闘機と称していたが、私たちは「昼夜間有視界戦闘機」と呼んでいた。つまり、夜間や雲中では何もできない。計器を見て飛ぶのが精いっぱいで戦闘などはとんでもなかった。なにしろ相手が見えないのだから……。

戦後の欧米諸国で大活躍した傑作戦闘機、F-86Fセイバー（写真：North American）

初期の段階ではミサイルが搭載されておらず、20ミリ機関砲しかなかった。そのうち、AIM-9Bが搭載されるようになったが、近距離でも確実に相手機の熱源（IR）を捕えないとミサイルは当たらない。ミサイルより機関砲の方が撃墜確率は高かったくらいである。だから我々は、機関砲による訓練に明け暮れていた。

どんな訓練をしていたかというと、バンナー・ターゲットと呼ばれる6フィート×30フィートくらいの細長い吹き流しをT-33練習機に装着し、160〜170ノット（時速約300キロ内外）の水平直線飛行で曳航し、それをめがけて4機一組になって順次、射撃するというものだ。当時、日本周辺を飛行する脅威は旧ソ連の爆撃機か偵察機くらいのもので、戦闘機の脅威はほとんどなかったし、また戦闘機を模擬した旋回できるターゲットも導入されていなかったので、このような射撃訓練をしていたのだろうと思う。

射撃後のターゲットは、基地まで持って帰って飛行場内に投下、回収する。その後、地上に持ち帰ったターゲットに残った弾着跡を、飛行隊のみんなの前で採点する。20ミリ弾には、赤やら青やら緑やらの色が付けてあって、回収後、何色が何発、というように弾着した数を数えられるようになっている。すなわち、これで誰が何発当たったかがわかるのだ。結果発表は一喜一憂、静まり返る瞬間だ——。

通常、100発搭載して射撃するので、射撃の名手と呼ばれるパイロットは、70発以上当てる

1968年、浜松基地第1航空団のF-86Fセイバー。F-86Fは10個飛行隊がつくられた

こともある。火器管制装置も原始的だったから、どこを狙うかは感覚と経験の職人技の世界である。またピパーと呼ばれる照準装置を通じて、どこを狙ったかが「ガン・カメラ」で撮影され、地上で見ることもできた。

今では音響装置により上空での射撃結果が瞬時にわかるようになっているから、結果発表など待つ必要もないが、それも面白くないなぁと思う。着陸するまで、あれこれ考えながら弾着を想像する時間が楽しみなのである。なんでもかんでもすぐに結果が出る今の時代より、時間はかかるがのんびりと結果を待つ時間を楽しんだ時代が懐かしい。

あるとき、射撃の名手と言われている先輩がいた。その先輩は酒が入るとなんでも教えてくれると聞いていたので、ある日飲みに連れ出して、その極意を伝授してもらおうと画策した。酒も入り、そろそろその極意を聞こうと切り出してみた。そしたらなんと、「簡単だよ。飛行機ごとそのままターゲットに突っ込めば全弾命中するよ！」と言うではないか。これでは特攻じゃないか。まったく、酒代を無駄にしてしまった気分である。こちらも今夜の飲み代は出すと言った手前もう後には引けない。高い授業料になってしまった。

その先輩は「そんなに簡単に技量が上がるもんじゃない。闘魂なくして勝利なし、努力した者だけに栄光があるのだよ」と言いたかったのか、単にタダで酒を飲ませてもらったので冗談の一つでも言おうとしたのか、今となっては真相は藪の中だが……〝No Guts No Glory〟ということにしておこう。

また、ハチロクでは大型機相手ばかりでなくＡＣＭ(Air Combat Maneuver = 対戦闘機戦闘)訓練も実施していた。これを「ドッグ・ファイト」と呼ぶ。２匹の犬が相手の尻尾を追いかけて、くんずほぐれつグルグル回るところからこの呼び名がついたといわれている。つまり、２機のハチロクが相手の後方に回り込もうと格闘戦に入る訓練である。当時は、相手機の後方象限に入り込まないとミサイルは撃てないし、当然ガン（20ミリ機関砲）も撃てなかった。ミサイルを発射しても相手機に急旋回で逃げられたら外れてしまい、最終的にはガンで撃墜するのが確実であった。そのために相手の後方１０００フィート（約３００メートル）位の位置に食らいついて相手を攻撃する訓練であった。

高度２万フィートあたりで会敵した２機は、相手の後方に入ろうとお互いグルグルと回り始めて、段々と高度をロスしていく。同じ条件なら、操縦桿を後方に引き、Ｇをかけて引っ張りまわした方が勝ちである。最終的には高度が落ち、海が迫ってくる。新米パイロットはただ引っ張ってハチロクを動かそうとするが、熟練パイロットは、このギリギリの高度になる前に、スピードを高度に変換したり、高度をスピードに替えたりしながら少しずつ相手の後方に回り込んでいく。相手の後方に入るための我慢のしどころである。

４機で２vs２（２対２）のＡＣＭ訓練をやる場合は、ウイングマン（僚機）はリーダー機の

1000フィート位後方のファイティング・ウイングという位置に付く。リーダーがどんな機動をしてもその位置を保持してついていく。そうしないと敵の餌食になる。時々、リーダーは自分の戦闘に夢中になり、2番機を置いて行くこともある。新米の2番機は、リーダーに置いて行かれまいと必死でついて行くものだから、今、自分が何をやっているのかよくわからなくなる。私も、着陸後のデブリーフィングで戦闘場面を振り返ってみて、リーダーについて行ったことしか覚えていないこともあった。

今にして思えば、この戦闘法は、まさに第二次大戦時代のプロペラ機の戦闘法とあまり変わっておらず、それに朝鮮戦争で戦った米軍の経験を加味したものであったのだろう。

パイロットの経験と腕だけで勝敗を決めていた時代だったから、先輩が後輩にACMで負けるということはほとんどなかった。だからあの頃の先輩は威張っていた。しかし、バンナー標的に対する射撃訓練だけは、適性のある後輩が勝つこともあった。私も先輩に勝つと、この時ばかりはうれしかったものだ。

余談になるが、私たちTR（僚機として訓練中の新米パイロット）の朝の日課は、先輩パイロットにまずお茶を入れることから始まる。ある人はお茶、ある人はコーヒー、それも砂糖の量もそれぞれ違う。30人近くいる先輩のお茶とコーヒーをTRは手分けしながらその人の好みに応じて準備しなければならない。これがなかなか難しい。誰がどんな好みかを把握するまでに時間がかかる。間違って出すとやり直し。まさに丁稚奉公の世界である。そして、1年経つと後輩が入ってくるので今度はコーヒーを入れてもらえる身分になる。自分がされたことと同じ意地悪を後輩にするやつも出てくるし、もちろんそうでないやつもいるのだが。

こうして、新米パイロットはいじめられながらも先輩の技を盗みながら育って行くのだった。

F-104Jスターファイター
――未亡人製造機とささやかれる――

ロッキードF-104Jの飛行隊は、昭和37年（1962年）に初めて、第201飛行隊として千歳基地で産声を上げた。私が小学校1年生の時である。最後の有人戦闘機と言われ、最高速度マッハ2・0（音の2倍の速さで時速約2400キロ）で飛ぶ。機体は三菱重工でライセンス生産され、またエンジンはIHIでライセンス生産されたJ79ターボジェット・エンジンである。私たちは、「マルヨン」と呼んでいた。あの鉛筆みたいな戦闘機だ。

マルヨンは、正面からと真後ろからはその面積が狭いため視認性が極めて悪い。3マイル（約5・5キロ）も離れると針の穴くらいにしか見えない。ところが、当時のJ79エンジンは燃焼効率が悪かったのか、パワーを出していると黒いスモークを吐いていた。だから、機影は見えないが黒い煙を見ればその先には機体があった。そうやって私たちは目視発見に努めたものだ。逆に、自分が敵と遭遇する距離になれば、それまでにパワーを出してスピードを保持しておいて、20マイル（約35キロ）くらい先の、敵から認識される距離になるとパワーを絞って、この煙を消して接敵したものだった。

また、当時の西ドイツ空軍ではF－104を「ウィドウ・メーカー」（未亡人製造機）と呼んでいた。それは、低高度を高速で飛行する時、マルヨン特有の「ピッチ・アップ」と呼ばれる動きが生じてコントロールが効かなくなる現象が起こり、それで何機も墜落しているからである。ピッチ・アップは、急激に機首が上がり、回復困難な悪性の失速に入った状態を指す。ピッチ・アップの兆候が出たら速度を落とせばよいのだが、いきなり発生する場合があり、これは極めて危険な状態であった。

マルヨンは、超音速飛行するために作られたような戦闘機で、機体形状に全く無駄がない。胴体はモンロー・タイプと呼ばれ、コクピットから胴体後方を見ると、まさに胴体の中ほどが女性のウエストのくびれのようになっている。主翼は抵抗を減らすためカミソリの刃のように薄く鋭い。外部点検で額をぶつけたりしようものならスパッと切れてしまう。そこで私たちは帽子の内側にプラスチックを入れて、ぶつけてもケガをしないようにガードしていた。それほど無駄なく作られていた戦闘機だったのである。

尖った鉛筆みたいな、いかにも超音速飛行にふさわしい形をしていたマルヨンことF-104（写真：Lockheed）

マルヨンはハチロクに比べ、スピードの差はもちろんのこと、コンピューターを搭載したレーダーにより、雲中でも敵を索敵することができる。レーダーの索敵範囲は最大でも40マイル程度だったが、通常の訓練では30マイルくらいまでしか見られなかったような覚えがある。ハチロクから転換した目のよいパイロットは、目視発見の方が早いという者もいた。

とはいうもののレーダーが装備され、誘導ミサイルのＡＩＭ-９Ｌが搭載されて全天候下での戦闘能力は格段に向上した。夜間戦闘能力もハチロクに比べれば、小学生と大学生くらいの差があった。

あるとき、マルヨンとファントムとが、「よ〜い、ドン！」でマッハ１・４までどっちが早く到達できるかを競争したことがある。高度3万フィート位で、３００ノット（時速約５５０キロ）からスタートした。マッハ０・95までの加速はファントムが早い。ところがファントムは、空力特性上マッハ０・95から音速突破までスパッと行かない。その間に遅れていた「マルヨン」がスイ〜っとファントムを横目に抜いて行った。超音速になればもうマルヨンの独断場。みるみるうちにファントムを引き離して、こっちがやっとマッハ１・４になった時にはもうマルヨンの姿は見えなかった。ファントムもカタログ性能上はマッハ２・４までは出せることになっているが、実際には推力重量比からそこまでなかなか出せるものではない。ところがマルヨンは、超音速で戦闘するように設計された機体だから、マッハ１・６で旋回してもまだ加速する。ファントムはそのスピードで旋回すると速度が落ちてしまう。こんなふうに戦闘機にはそれぞれの特性があり、その特性を把握した上で戦い方を決めなければならないということだ。

私が小松基地第205飛行隊にいた頃、マルヨン対ファントムの戦技競技会があった。マルヨンは超音速の世界で戦おうとファントムをその速度領域におびき出す戦法を取る。一方、ファントムは超音速の領域では不利なので音速以下の、マルヨンが小回りの効かない速度領域に持ち込もうとする。私がマルヨンで戦技競技会に出場した時、戦闘空域をマッハ1・6で飛行し、ファントムをおびき寄せる戦法を取ったことを覚えている。マルヨンがファントムと格闘戦をやれば勝ち目はないからだ。

ところでハチロクになかった機能でマルヨンに装備されたものに「オートパイロット」(自動操縦装置)がある。航空自衛隊の戦闘機としては初めて備えられたオートパイロットであった。「マック・ホールド」というスピードを保持する機能、そして「アルト・ホールド」という高度を保持する機能、また、ヘディング(方位)を保持する機能もあった。ふつうに水平飛行を長く続けるようなナビゲーション(航法訓練)には非常に便利だった。ただ、操縦桿に触れるとオートパイロットが自動的に解除される仕組みになっていた。

低高度夜間飛行訓練で、無意識に操縦桿に触れて、オートパイロットが切れていたことがあった。そのまま気づかず飛行していた時、突然海の波がしらが目に入り、冷や汗をかいたことがあった。気がつくのが数秒遅ければ、海に激突して日本海の藻屑と消えていた。今にして思えば、推定原因「バーティゴ」（バーティゴについては、後で触れる）で事故処理されていたかもしれない。当然、着陸して自己申告の罰金を払った。死にかけたのだから罰金も安いものである。

この時、やはり人間、ラクをするとろくなことはない、と思った。新しい装備を導入することでパイロットのロードは軽減されるが、それには落とし穴もあるということを教えられた。

マルヨンでは、時折、高高度要撃訓練というものがあった。与圧服（宇宙服みたいなもの）を着用して、高度6万フィート（上空約2万メートル）以上に上昇して、敵機を要撃する訓練である。この与圧服を着用したら、離陸の30分前くらいから「脱窒素」と言って、100％酸素を吸って地上で準備する。体内にある窒素が膨れて生じる関節痛などを防止するためである。6万フィートという高度は、沸点が下がり、そろそろ血液が沸騰する高度である。酸素も少なくなる成層圏のため、アフターバーナーも失火する危険性がある高度だ。空気中にごみなどの反射物がなくなり、空の色がダークブルーの漆黒の世界に近づく。なんとも不気味な世界で水平線も丸みを帯びてくる。一人で飛んでいると異次元に入った錯覚に陥る。この成層圏を突っ切るとあと一歩で宇宙だ。

何のためにこんな訓練をしているのか、そのころはわからなかったが、今思えば、米国でもマルヨンで同様の訓練を実施していたし、当時の航空自衛隊では高い買い物であったその機体を、訓練で使わなければいけないという義務感みたいなものがあったのではないだろうか。この訓練

F-104には、航空自衛隊初の「オートパイロット」機能も装備されたのだが…

のために命を失った同僚もいる。

ただ、宇宙飛行パイロットまではいかなかったけれど、意義はともかく成層圏旅行の良い経験をさせてもらった。後にも先にもあんな馬鹿の高上りをしたのはマルヨンだけだった。マルヨンに乗った者にしかこの成層圏飛行の経験はないだろう。今は、ミサイルの性能がよくなったため、馬鹿の高上りをしなくても成層圏を飛行するターゲットを撃ち落とせるようになった。

恐怖の放射能集塵飛行
——ガイガーカウンターは鳴りっぱなし——

中国で初めて核実験が行われたのが昭和39年（１９６４年）である。そして、最後の核実験は、平成８年（１９９６年）となっている。この間、45回の核実験が行われ、その内、地下実験は22回、なんと大気圏内で行われたのが23回もあるという。大気圏内で実験が行われれば、地下実験と違い、放射性物質は空中に飛散することになる。私が小学生から中学生の頃、「雨にぬれると放射能で頭が禿げる」とよく言われた（私は、雨に濡れなかったから今でも禿げていない）。

中国の核実験は、私がパイロットになり、Ｆ-86、Ｆ-１０４に搭乗している時も続いており、よく集塵飛行に駆り出された。中国の奥地でやった核実験の放射性物質が偏西風に乗って日本の上空に飛んでくるのを集める任務飛行だ。これは政府の関係省庁からの依頼でやっていたと記憶している。集塵ポッドという外装タンクの小さいようなポッドを翼下に取り付け、日本海上空3万フィート位を飛行しながら放射性塵を集める。集めた塵はポッドの中に収容され、それを持ち帰って政府機関に送るという手順だった。

上空に行くと酸素が薄いので、外気を取り込んだ空気と機体に装備した液体酸素とを混ぜてパイロットに供給する。また、外気を取り込んでエンジンの圧縮でコクピットを与圧するため、パイロットは放射性物質の混じった空間に身を置くことになる。つまり、外の放射線量の高い空気がコクピットの中にそのまま、それもご丁寧に圧縮されて入ってくるのである。集塵飛行の際は、酸素100%にセットして、吸う空気だけは外気を取り込まずにできたが、そんなのは気休めにしかならない。外からも中からもおびただしい放射性物質を浴びることになる。今思えば、恐ろしい話である。だからこの任務飛行は、交代で実施して、回数は制限されていたと記憶している。着陸後、集塵した物質を取り出すわけだが、ガイガーカウンターは「ガー、ガー」と鳴りっぱなしだった。

今、思うと、福島原発事故での放射線量に匹敵していたのではなかろうか。さらに普段の飛行でも高高度を飛行すると、パイロットは地上の100～150倍の放射線量を受けるといわれている。そんな中での集塵飛行では、想像を絶する環境で任務を遂行していたことになる。まさに、ことに臨んでは危険を顧みず、だ。おおらかと言おうか、いい加減と言おうか……そんな時代だったのである。

第4章

ミッション・インポッシブル!?

戦闘機の役割とは

──槍の穂先のパイロットたち──

「私はわが国の平和と独立を守る自衛隊の使命を自覚し、日本国憲法及び法令を遵守し、一致団結、厳正な規律を保持し、常に徳操を養い、人格を尊重し、心身を鍛え、技能を磨き、政治的活動に関与せず、強い責任感をもって専心職務の遂行にあたり、事に臨んでは危険を顧みず、身を以って責務の完遂に務め、以って国民の負託に応えることを誓います」

いきなり話が難しくなって恐縮だが、この機会に私が常に感じていた自衛隊のパイロットとしての根幹的な任務の立場についても少し触れさせていただこう。

冒頭の文言は、私が昭和44年（１９６９年）に航空自衛隊に入隊した時に宣誓、署名した宣誓文である。これが、自衛隊員の、そして戦闘機パイロットとしての精神のバックボーンとなっている。

「事に臨んでは危険を顧みず、身を以って責務の完遂に務め……」と言うことは、「いざ、有事になった場合、自分の生命を犠牲にして国を守れ」ということである。

そして有事になれば、パイロットの中でも戦闘機パイロットは一番先に戦闘空域に投入される。

陸海空の自衛隊は、機能に応じてそれぞれの任務を担っているが、航空自衛隊の戦闘機パイロットは一番早く戦闘場面に遭遇する可能性が高いのだ。なぜなら、航空優勢のないところでの戦闘は被害甚大になるからである。戦いの様相は、まずは航空優勢を確保することから始まる。そして、空からの脅威がなくなったエリアで陸、海の戦力を発揮する、というのが一般的な戦略シナリオなのである。

そうしてこれが、戦闘機パイロットが槍の穂先と言われる所以である。戦闘場面に遭遇すれば、撃墜されることもあり得る。被弾して何らかの被害を受け、基地に帰投することもあるだろう。そんな時、「私は怖くなったので明日の任務を外してください」というパイロットが現れたらどうなるか。高価な戦闘機で長い年月をかけてパイロットを養成してきたのは、この日のためではないのか。

誰も悲惨な戦争はしたくない。一番戦争を望まないのは自衛官自身である。なぜなら戦争が始まれば一番先に戦場に行くのは自衛官であり、国が必要と判断した場合は侵略を阻止するために戦わなければならない。その防波堤が自衛隊なのだ。

過酷な状況に打ち勝つ技量と精神力を持ち合わせ、そして「事に臨んでは危険を顧みず」の気概なくして戦闘機パイロットは務まらないのだ。

戦闘機パイロットの日常

―それは自分との戦いでもある―

戦闘機パイロットの日々は自分自身との戦いから始まる。平時は肉体面での健康管理はもちろん、メンタルな面においても自己コントロールができなければならない。上空での飛行訓練では地上では予測もつかないような場面に遭遇することもある。また、緊急事態になって機体のコントロールができずベイルアウト（機体から緊急脱出すること）しなければならない場面に遭遇することもある。いかなる時も平常心を保ち、粛々と正常な手順をこなさなければならない。

誰もが、自分の意図しない状況に遭遇すると少なからずパニックに陥るものである。パニックに陥ると、普段できていたことができなくなる。地上ではそれが許されても、千変万化する上空では即、命取りとなる。

この平常心を保つためにどうするか。パイロットはいつも最悪の事態を想定した訓練をする。その手順も決められており、シミュレーターで身体に叩き込む。ある突発的な事態が発生した時は、無意識のうちに決められた手順が出てくるまで訓練をするのである。

人間というのは、「正常性バイアス」が働いて、「悪いことは起こらない、仮に起こっても私には関係ないことだろう」と思い込みがちである。悲観的な予測はある程度の段階で打ち切ってしまうのである。
しかし、私たちは「悲観的に考えて準備せよ。そして楽観的に考えて行動せよ」と教えられた。つまり、上空で起こりそうなあらゆる不測の事態等を地上で想定し、その事態と対処のしかたをイメージトレーニングすることにより、対処要領を頭だけでなく身体に覚えこませる。その日の訓練内容を離陸から着陸までイメージし、その中で起こり得るあらゆる不測の事態を想定して、その対処要領をイメージしておくのである。これにより自信をもって楽観的に行動できるようになる。対処要領が解っているのでパニックになることもない。「不測の事態」も予測していれば「予測の事態」となる。あわてることはない。

これが有事になればなおさらである。平時でさえ地に足が付いていないという危険がつきまとう状況の中で飛んでいるのに、さらにそこに敵との戦闘が待っている。二つとない自分の命が代償になるかもしれないという極度の緊張の中で、任務を遂行しなければならないのである。その時にいかに平常心を保てるかどうかが、戦闘機パイロットにとっては重要な資質となる。同じ技量をもったパイロットが2人いたとしたら、このメンタルの強さが、万が一の場合に生死を分けることになるのかもしれない。

だからなのか、普段から私たちの仲間は勝ち負けにこだわる。
私のファントム・ライダー時代は、飛行隊のパイロットの人数も60名以上という大所帯。訓練空域が悪天候で飛行訓練が出来ない時は、体育訓練係というのがいて、彼らが健康管理と日頃の運動不足解消のため色々と身体を動かす訓練を計画する。自衛隊では健康管理と体力練成も仕事のうち。種目は、サッカー、ソフトボール、バレーボール、ストレッチ、筋トレ、剣道、銃剣道などだ。たまにやる銃剣道は、平常心と、敵との駆け引きを学ぶには絶好の種目だった。

そうして、当然のことながら、なにをしても、誰が勝った負けたで一喜一憂、常に勝負の世界である。チーム対抗でやるバレーボールやサッカーなどは、週末の酒代を賭けてやる。とにかくファントム飛行隊のパイロット同士に何かを競い合わせると「そこまでやるのか」というところまでやるのである。

もちろんそこに先輩後輩はない。リーダーとウイングマンの壁もない。真剣勝負あるのみ、そして勝ったモンが勝ち！

日頃の生活、訓練の中でも知らず知らずのうちにこの闘争心と不屈の精神、そしてストレス発散の術を身に付けていたのかもしれない。戦闘機パイロットは、こうしてマインド・コントロールしながら、厳しい任務環境にも耐えられるたくましさとしたたかさを身に付けていく。

なぜなら、それがミッションだから——。

対戦闘機戦闘
――ファントムの真髄はドッグ・ファイト――

戦闘機パイロットの相手は戦闘機だ。戦闘機対戦闘機。これこそが戦闘機パイロットの腕が問われる訓練だ。我々は通常ACM（Air Combat Maneuver＝空中戦闘機動）ミッションと言うが、旋回戦闘に入ったらこれをドッグ・ファイトと呼ぶ。ちなみに、要撃戦闘訓練はGCI（Ground Controlled Intercept）ミッションという。ACMは通常1対1で、戦闘機の最大性能を発揮しての組んずほぐれつの戦いを繰り広げることから始まる。F-4ファントムが一番機動性の良い速度は400ノット（時速740キロ）から450ノット（時速833キロ）、A／B（After Burner＝アフターバーナー）を焚きながら時速700～800キロのスピードで大空を暴れまくる。20トン近くあるファントムが大空を縦横無尽に駆け巡る姿を実感し、見ることのできるのは私たちの特権だ。もっとも操縦に懸命でゆっくり鑑賞している余裕はないが。

これがある程度出来るようになると、2対1の次のステップの訓練に入る。通常、2機の編隊に対して1機の教官機が相手をする。つまり、2機のファントムがお互いの連携を取りながら敵を模擬する1機を撃墜する訓練である。編隊の最小単位はエレメントと呼ばれる2機編隊。これは米軍でも同じである。敵も2機であれば、そのうちの1機をこちらの2機で挟み撃ちできる態勢に持ち込んだらしめたものである。テニスのダブルスの試合を見ていてもわかるように、相手チームの弱い一方をこちらの2人で攻めるのがセオリーだ。ACMでも戦いの原則は同じだ。

2対1の訓練が終わると、2対2、そして4対4、さらに多数機対多数機（4機以上）と、段階的に難易度を増していく。この多数機編隊長になって初めて、すべてのミッションをこなせる一人前の戦闘機パイロットと言える。この時は既に飛び始めて10年近くの歳月がたっている。パイロットの育成には10年の年月が必要と言われる所以である。

編隊戦闘では、「タック・リード」と言われる戦術がある。つまり、状況のわかっているパイロットがその場の戦闘をリードするのである。編隊長と言えどもすべての状況を掌握できているとは限らない。その時に状況を掌握しているウイングマン（僚機）がリーダー（編隊長）に代わって編隊機動をリードするのである。しかし当然ながら編隊指揮の責任はすべてリーダーにある。丁度、仕事が一番わかっている部下に特定の仕事を任せて、成果を出すことに似ている。

上空での戦いでは、失敗は死につながる。戦闘場面では、一番状況のわかっている者がリードするというのは米軍譲りの合理的な考え方だ。F‐86Fの頃は、ウイングマンがリーダーに指示するなんてことはまずなかった。この戦法は、F‐104のころから普及したように記憶している。まさに、チームとして戦う上で上下関係に固執することなく、戦力の最大発揮のために考え出された無駄のない戦法なのである。

マルチロールに変身したＦ‐４ＥＪ改

―対地攻撃は一瞬のミスで激突―

Ｆ‐４ファントムの役割は対空戦闘ばかりではない。ファントムは５００ポンド爆弾なら24発を搭載できる。Ｆ‐４ＥＪ改になってからはＦ‐16と同じ火器管制システムを導入し、戦術攻撃の能力もアップした。ＡＳＭ（Air-to-Surface Missile＝空対艦ミサイル）による対艦能力も高い。さらにＡ‐10サンダーボルトと同じＩＮＳを搭載してピンポイントの攻撃も可能になった。Ｆ‐４ＥＪ時代のＩＮＳは１時間飛行したら２〜３マイル（３・５〜５・５キロ）の誤差が出ていたのでほとんど使い物にならなかった。

戦術戦闘訓練では、ピンポイントで地上や海上のターゲットを攻撃するためにＴＯＴ（Time on Target＝ターゲット攻撃時間）が決められる。各基地から離陸した攻撃編隊はこのＴＯＴに合せて一斉に攻撃を開始する。通常30分以上前に離陸し、それぞれの飛行経路を隠密に飛行した攻撃機は、このＴＯＴに合せて同じ目標に対して異方向から同時攻撃をかけることになる。まさに、ナビゲーションは秒単位の誤差でしか許されない。それぞれの編隊が、自分に与えられた任務を遂行してはじめて作戦が成功する。この訓練でも、ファントムは複座だから後席がナビゲーションを行い、経路判定、時間調整等を瞬時に判断して前席に経路の変更、スピードの調整等を助言する。前席は、低高度での操縦と索敵に専念できるのでパイロットのロードは軽減される。この任務は主としてF‐1とかF‐2の支援戦闘飛行隊の任務である。しかし、F‐4EJ改にバージョン・アップしてからは、対地攻撃の能力も向上し、制空戦闘機としてのミッションと合わせてマルチロールな戦闘機に変身した。

1機あたり24発の500ポンド爆弾を搭載したファントム4機編隊だと96発の500ポンド爆弾を落とすことができる。これは小さな町が一瞬のうちに吹き飛ぶ威力である。

このほか、空対艦のミサイルも搭載できるようになったので、戦術戦闘機としての能力も格段に向上したのである。

対地攻撃訓練では実爆弾を搭載して実施することができないので、25ポンドの訓練弾を使用する。この訓練弾は、地上に落ちると発火して煙がでる仕組みになっている。ファントムは北海道にある島松射爆撃場で訓練するのが常であった。

地上の攻撃目標に向けて4機一組で次々に爆弾を落とす。それを地上でモニターしていて、どこに着弾したかをパイロットに伝える。弾着不明の者もいれば、ブルズアイの者もいる。「ブルズアイ」とは、標的の真ん中に命中することである。

訓練爆弾の標的は半径約10メートル。このサークルの中に落とさなければならない。この訓練は、4500～1万フィートの高度から25～45度くらいのダイブ角で地上にまっしぐらに突っ込

F-4EJ（写真上）とF-4EJ改が並んだ貴重なショット。航空自衛隊の初代ファントムF-4EJは、今は岐阜基地の飛行開発実験団に数機しかない（写真：K.Tokunaga）

み、約3000～5000フィートの高度でピックル・ボタン（操縦桿に付いているリリース・ボタン）を押して訓練弾を投棄する。スピードは約400ノット（時速約740キロ程度）。45度ダイブだと真っ逆さまに地表に突っ込む感じだ。リリース（投下）高度を見逃すとリカバリーできずに地表が迫ってくる。昔は、引き起こし切らずに地表に突っ込みかけた者もいた。まさに1秒の遅れが大事故を招くこともある、気の緩められない訓練だった。

また、洋上はるか彼方の艦艇などのターゲットに対し、超低高度で進出、ポップアップしての爆弾投下、ASMを発射する訓練もある。侵攻高度は水面から500フィート（約150メートル）以下。うかうかすると貨物船のマストをかすめることもある。超低高度では、パイロットにとって速度が増すほどにその疲労感は倍増する。敵のレーダーに映らずに超低高度で侵攻する訓練はパイロットにとっては極度の緊張を強いられるもののやりがいのある訓練だが、それだけ神経をすり減らすことになり、着陸した後はぐったり、である。通常4機の編隊で訓練をするが、私が編隊長の時は、誰も私より下を飛べなかった。それもそのはず、私より下を飛ぶということは、機体ごと海に突っ込むことになるからだ。

それほどギリギリの低空を這うようにして目標の艦艇に接近するのである。

空対空射撃訓練も進化
──ピパー・オン・ターゲット！──

F-86時代のバンナー射撃については、前項に書いたとおりであるが、ファントムの時代になると「ダート射撃」が登場した。ダート標的は、二等辺三角形の2枚の金属板を組んだもので、正確な数値は失念したが、長さ4メートル前後のダーツの羽のような細長い三角形の標的である。これをファントムの翼下につるして離陸し、上空で1600フィートくらいの長さにワイヤーで展張して標的として引っ張る。標的曳航機が同じファントムなので機動性は優れている。3G、4Gの旋廻で逃げ回るダート標的に対して、射撃機はその後方に占位して20ミリバルカン砲を撃つ。この弾にも色が付けられていて、訓練終了後に標的を飛行場まで曳航し、回収して誰が当ったかを評価する。これは、逃げ回る敵機を想定しているので、バンナー射撃と違って、かなり実戦的な訓練だった。

現在は、AGTS（Aerial Gunnery Target System＝曳航標的システム）という訓練弾が標的近くを通過すると、音響効果により標的曳航機の機器に着弾がカウントされるシステムになっている。

射撃は、前方の風防に「ピパー」という「点」が映し出されて、このピパーを標的と重なるように操縦して20ミリ訓練弾を発射する。この時の標的のスピードは時速700キロ以上、射撃機は当然それ以上の時速900キロ以上は出ている。時速700キロで飛ぶターゲットを、時速900キロ前後で追っかけることを想像していただきたい。普通の感覚では考えられない世界だ。

ピパーは、標的をロックオンするとレーダーからの情報をコンピューター処理して射撃位置を教えてくれる。つまり、ピパーを標的に重ねてトリガー（拳銃でいう引き金）を引くとリードを取ったところに弾が飛び、標的に命中するようになっている。このピパーを逃げ回る標的に乗せることがパイロットの腕の見せどころ。トリガーを引くときは、何も考えずに無心の境地である。これを私たちはピパー・オン・ターゲットと言った。

しかし、実戦ではこの瞬間に敵の1機が自機の後方に回り込んでいるかもしれない。こんな時、2人乗りのファントムは強い。射撃は前席に任せて後席が後方警戒をすることができる。後席も自分が撃墜されたくないから必死に警戒するだろう。

ふと考えたことがある。飛び上がった2機ともが標的を引っ張って、お互いがドッグ・ファイトをやればもっと実戦的だろうと。しかし…。これをやると、戦闘機パイロットはすぐに熱くなるから、夢中になって互いを追いかけるうちに標的を曳航しているワイヤーに引っ掛けるのがおちだろう。無理だな。

戦技競技会の興奮
――トップガンをめざせ！――

戦技競技会とは、全国の空自戦闘機部隊が、日頃の訓練の成果を競い、その実力を試す年に１回の真剣勝負である。この選手に選ばれるということは、飛行隊のトップガンになることである。また、この大会に優勝するということは、航空自衛隊のトップガンになるということである。つまりそれは日本一の戦闘機パイロットを意味する。

現在は不定期開催になっているが、ファントムの時代は、戦技競技会が毎年開催された。通常、同じ機種同士で順位を決めるのが普通だった。例えば、F‐104部門での優勝、F‐1部門での優勝、F‐4部門での優勝が競われるという具合に。私がファントムに乗っていた頃は、第301飛行隊から第306飛行隊まで、ファントムの飛行隊が6チームあり、それらがすべて出場していたので競争も激しかった。通常4機単位で出場するので、ファントム飛行隊の場合はスペアーも含めて10人のパイロットが参加することになる。それに加え整備員、武装員等も加わり、総勢20名以上のチームで戦うことになる。

競争相手の情報は、黙って待っていてはもちろん入ってこない。事前訓練中、相手チームの戦法を盗むために、小松から北海道や三沢の訓練空域の近くまで練習機を飛ばし無線を傍受して戦法を分析したこともあった。中国やロシアが情報収集のため我が国周辺を飛行するのと同じである。違うのは相手からスクランブルがかからないことくらいだ。

戦闘機パイロットの習性のひとつに「勝つためには手段を選ばない」というのがある。各チーム知恵を出して敵を欺く戦技、戦法を考える。そのためなら航空機の改修だってやる。例えばスピードブレーキの中にチャフ（電波を反射する銀紙みたいなもの）を入れ、それもマスキングテープで貼り方を変えて、スピードブレーキの開度によってチャフの出る量を調節しながら敵を欺いたりした。今では自己防御用装置が導入され、小細工をしなくてもコクピットでのスイッチ操作によりチャフとかフレアーを発射することができるようになったが、当時は自分たちで工夫していたのである。

また、航空機同士の通信装置も周波数が決められているため、自分たちの編隊内で交信している内容が相手に筒抜けになってしまう。それを改善するために、秋葉原に行って無線機を購入して機体に取り付け、自分たちの編隊同士での独自の会話に使ったりしたものだった。これは今では、ボール・チャンネルと言って、編隊内だけでの通信手段が確保できるようになっているが、まさに「必要は発明の母」なのである。

戦競では航空機にもいろいろ工夫を凝らしたり改修したりという作業が必要になるのだが、もちろんパイロットの訓練自体も過酷を極める。競技会の科目は対戦闘機戦闘であったり空対空射撃であったり、戦爆連合（戦闘機随伴爆撃機）要撃であったりだが、その内容は実施日の1か月くらい前に示される。あまり早くに示すと、飛行隊は優勝をかけてそればかり練習して他の訓練がおろそかになり、練成訓練に偏りがでるための配慮である。

参加者は、飛行隊長は必ず出場することになっている以外は、特に条件はなかった。だから「最強チーム」を作るべく、まさに飛行隊のベテランパイロットばかり出ていた時代もあった。しかしそれでは一部のベテランばかりが訓練することになり若手パイロットの底上げができない。そこで後年、飛行隊長は必ず出場、それに4機編隊長、2機編隊長、ウイングマン、GIBと、それぞれの資格保有者の中から選抜して出場するというバランスのよいメンバー構成にすることとなった。

さてベテラン戦闘機パイロットである飛行隊長は必ず出場、というのは当然といえば当然だが、リーダーとしてチームを率いる飛行隊長にもいろいろあって悩むことがある。

自衛官は転勤が多い。戦闘機パイロットであってもそれは同じで、飛行隊から飛行隊へとパイロット稼業を続けながらの転勤もあれば、その合間にデスクワーク職が入る場合もある。私のように航空学生出身のパイロットならば十分な飛行経験を有しているため、たとえデスクワークのポジションから飛行隊長に赴任しても、技量回復はわりとすんなりいくのだが、飛行経験の少ない新任飛行隊長の戦競参加は大変だっただろう。技量回復のため、すぐにベテランのウイングマンに助けられながらの集中訓練が始まる。飛行隊長は通常2佐だが、部下の1尉、3佐のベテラ

第306飛行隊F-4最後の戦競は戦爆連合要撃。パイロット、要撃管制官、整備員のワンチームでみごと優勝

→戦い終わってこぼれる笑顔

隊長の“タイガー”にちなんだ胴体後部のトラの絵は、ファンにも好評でした

無事ランプイン、さて成果は？

↑この年は射撃競技会。航空機ファンにはおなじみのシャークティース

→tiger & pekoの前後席コンビ

PEKO

←戦競ではパイロットも整備員たちも一丸となって「戸田組」を支える!

ンパイロットから指導を受けることもある。その間新任飛行隊長は自分のフライトで精一杯で、飛行隊のマネジメントにまで手が回らない。するとそこは飛行隊ナンバー2の飛行班長がサポートする。まさに、タック・リードである。自衛隊はこうして常に次級者がサポートできる態勢になっている。

さて戦競の訓練開始時は、飛行隊のパイロット全員に機会が与えられ、戦技競技会目指して訓練が始まる。その事前訓練の中で、切磋琢磨させながら出場者を選抜していく。ファントムの場合、前席は自分の後席を選ぶことができ、そのペアで出場する（飛行隊にもよるが、一般的にファントムの飛行隊ではそうであった）。気の合わない前後席ではまずいし、前後席が同じような性格でもまずい。このあたりのあうんの呼吸でストレスなく飛べる相手が一番いい。ただ仮に苦手な前席パイロットとの組み合わせになっても、辞退するＧＩＢはいなかった。まあそれだけ、ファントム飛行隊はみんな仲がよく、人間関係もうまくいっていたということだ。

そのころの戦技競技会は、広い空域に恵まれた小松沖のＧ空域が選ばれることが多かった。私の所属していた第３０３飛行隊と第３０６飛行隊はこのＧ空域を有する小松基地にあるので、地の利はあった。ほかの基地でやる場合は、開催基地へ展開する参加機を基地の隊員が全員で見送ってくれる。出る時は意気揚々だが、競技会が終わって帰投する時も隊員が出迎えてくれるので、負けて帰るときは何ともバツの悪いものである。「もう帰りたくない」と言うのが本音だったが、勝っても負けてもみんなで出迎えてくれたのはうれしかった。

私は、F-104も含めて現役で7回戦技競技会に参加させてもらった。幸運にも仲間に恵まれ、第303飛行隊での2年にわたる連続優勝と、第306飛行隊長時代の優勝の美酒は忘れられない思い出である。

非常呼集
――戦闘態勢に移行せよ――

航空自衛隊では、時々「非常呼集」と呼ばれる訓練が行われる。これは、いざ有事となった時に、最短時間で隊員を招集し、戦闘機に武器弾薬を搭載して戦う態勢を整える訓練である。一般的に我々は「平時の態勢」から「有事の態勢」に移行させる訓練、つまり「態勢移行訓練」と呼んでいた。敵の不穏な兆候を察知したらそれに対応すべく1分1秒を争って態勢を整える訓練である。

我が国の防衛政策上、敵が我が国を攻撃すべく爆装して発進態勢を整えていても、その策源地を攻撃することはできない。軍事的合理性から言えば、こちらも爆装して相手の飛行場を攻撃するのが一番効果的なのであるが、我が国ではこの当たり前のことができないという現実があり、訓練はあくまでも防空に徹したものとなる。そのため、この態勢移行ではミサイルと20ミリ弾を搭載する訓練が主体であった。

非常呼集がかかると官舎のベルが一斉に鳴り響く。その時は、家族全員が飛び起きる。夫が身支度を整えている間に、奥様方は車のエンジンをかけ夫の登庁に備える。北陸の冬は雪が多い。雨が降ろうが雪が降ろうがこの訓練はいつ行われるかわからない。雪の積もった時などは、奥様方も一緒になって車を出すために雪かきをする。中には自分の夫の車を先に出すために交通整理をする新婚奥様もいたし、ネグリジェ姿で外に出てきた若奥様もいて、これには参った。当然、一番先に飛び出すのはパイロットである。ベルが鳴り響いて3分以内には玄関のドアを開けていた。そのため、制服、靴下、靴、通勤バッグなどは、いつも寝る前に準備しておいた。

パイロットが飛行隊に到着する頃には、既に営内隊員（自衛隊内の宿舎で生活している隊員）達が格納庫からファントムを引き出し、列線に並べ点検を始めている。パイロットは、飛行隊に着いた順番に自分の機番をアサイン（割り当てられること）される。装具を身に付けてファントムに飛び乗り、エンジンを始動させ点検に入る。隊長は常に一番先頭のファントムにアサインされる。ウイングマン資格をもったパイロットは、隊長の2番機になるのがステイタスだった。各機は、各種点検を済ませ異常なく飛行できることが確認されたら、ミサイル、20ミリ弾等の武器弾薬の搭載が始まる。すべての武器弾薬の搭載作業が終了すると最終的にパイロットが点検し、そのファントムは5分待機につく。つまり、アラート待機と同じ状態の5分以内に発進できる態勢だ。演習などでは、仮想敵機を実際に飛ばし、待機している要撃機にスクランブルをかけるという一連の流れの中で訓練を行う。同じ基地に飛行隊が2つある場合などは、どっちが早く態勢を完了するかで競い合ったものだった。

私がまだ独身でF-86Fに乗っていた頃、独身のパイロットはBOQ（独身幹部宿舎）で生活していた。BOQから飛行隊までは同じ基地内とはいえ、相当な距離があるため自転車で移動していた。当時、BOQには2つの飛行隊のパイロットが生活していた。そこで、非常呼集がかかった時、TRパイロット（訓練中でまだ一人前になっていないパイロット）がまずしなければならないミッションがあった。それは、隣の飛行隊のパイロットが乗る自転車をそれとなく倒して出しにくくしておくこと。それにより、出だしでまず数十秒の差がつく。新米パイロットは赴任すると、どれが隣の飛行隊の自転車かを覚えることから始まった。そこまでして早さを競い合ったのである…。

裏話になるが、非常呼集は、本来隊員には知らせずに行われる。だからいつ呼集がかかるかはわからないはずだが、なぜか秘密漏洩がある。それも街に飲みに行って、スナックのママさんから「明日は非常呼集でしょう？ もう帰った方がいいよ」とご指導を受けるのである。たまに外れるが、ほとんど外れることはなかった。なぜ、「秘密を守る義務」のある自衛隊でこの情報漏洩があったのかは不思議でならない。もしかして、上層部に対するハニートラップがあったのだろうか。

この非常呼集はなぜかいつも夜明け前が多かった。それは敵の侵攻が黎明だろうという判断に基づいての訓練だったのだろう。それもワンパターンになっていた。そこで、私が幕僚だったころ、「司令、一度、(非常呼集を)夜にかけてみませんか?」と意見具申したことがある。そうすると司令は、「君、俺もそれをやってみたいが、半分以上は酒気帯び運転の可能性があるから止めておこう」と言われた。自分の生活態度を振り返ってみると、なるほどと妙に納得したものである。

私が非常呼集をかける立場になった時は、ある期間(1週間前後)を事前に通知しておいて、ごく数人の上層部だけにしか知らせず不意にやった。それでも、晩酌後の時間帯に呼集をかける勇気はなかった。いくらミッションでも……。

スクランブル発進!

――その緊迫の心理――

スクランブルとは、我が国の領空に侵入しようとする彼我不明機に対して、待機している戦闘機を緊急発進させることを言う。「スクランブル・エッグ」、「スクランブル交差点」のスクランブルで、「混ぜこぜ、かき回す、先を争う」などの意味があるが、現在の英和辞典では軍用機の緊急発進の意味も加わっている。

航空自衛隊の平時の任務の一つに「領空侵犯に対する措置」というものがある。これは自衛隊法第84条で定められている。これを根拠として、航空自衛隊では北は北海道から南は沖縄のそれぞれの航空自衛隊基地で戦闘機が武装して待機している。1日24時間、年間365日、休む間もなく交代で待機につく、平時における航空自衛隊で最も重要な行動任務である。この任務のために発進することをスクランブルと呼び、そのために待機することをアラート待機と言っている。

これは、彼我不明機（どこの誰だかわからない、アンノウンとも呼ばれる）がわが国の領土、領空（距岸12マイル＝約22キロ）に侵入しようとしたときにそのターゲットに対して一番近い基地で待機する戦闘機を発進させる、わが国の主権を守るための行動である。実際には、航空機はスピードが速いので相手が12マイルに近づいてからの発進では間に合わない。そこで、領空のずっと外側にＡＤＩＺ（防空識別圏）というのを設定しており、そのラインを越えようとした時にスクランブルがかかる。

通常アラート待機は、滑走路に隣接する待機所で24時間待機の態勢でいる。スクランブル発進の指令が入ると、「ジャーン！」と大きなベルの音が響き渡る。そこでパイロットは自分の戦闘機に飛び乗り、エンジンをかける。整備員たちも同時に走り、発進準備を始める。武装員はミサイルの安全ピンを抜く。それぞれが定められた手順により走り回る。まさに、スクランブル状態。すべての準備が整って、滑走路に入り、アフターバーナー全開で飛び立つまでが5分以内と定められている。通常、4分台で離陸する。パイロットのアドレナリンが噴き出る瞬間だ。飛び上がってしまえば落ち着きを取り戻し、いつもの訓練通りに彼我不明機に向かう。

アラート待機の勤務体制は、朝上番したら翌朝下番するまでの24時間勤務である。通常4機が待機し、2機が5分待機（5分以内に発進できる状態）、残りの2機が1時間待機（1時間以内に発進できる状態）または3時間待機となっている。ファントム飛行隊の場合は、パイロット8名、整備員8名、武装員2名、そしてディスパッチャーと言われる飛行管理員1名を基準とする19名がチームを組んで待機していたと記憶している。通常、パイロットは、読書をしたり音楽を聴いたりテレビをみたり、今ならばケータイでゲームをしたりしながらそれぞれの長い時間を待機室の中で過ごすことになる。5分待機の者は、Gスーツなどの重装備を装着したまま待機するので4時間くらいで交代してお互い休憩をとることにしている。片方の2機が5分待機なら他の2機は1時間待機という風に交代する。5分待機のクルーは、指令があれば5分以内に離陸しなければならないから常に緊張状態での待機を強いられる。1時間待機のクルーは気分転換のため待機所の周りで体操したり、キャッチボールなどすることもある。しかし、1時間待機のクルーもあまりのんびりとはできない。5分待機の戦闘機が故障のためアボート（発進中止）した時の

スクランブル！

**1980年、
小松基地第303飛行隊時代の
アラート待機～スクランブル発進
の様子**

待機中は緊張しつつも、できるだけリラックス…

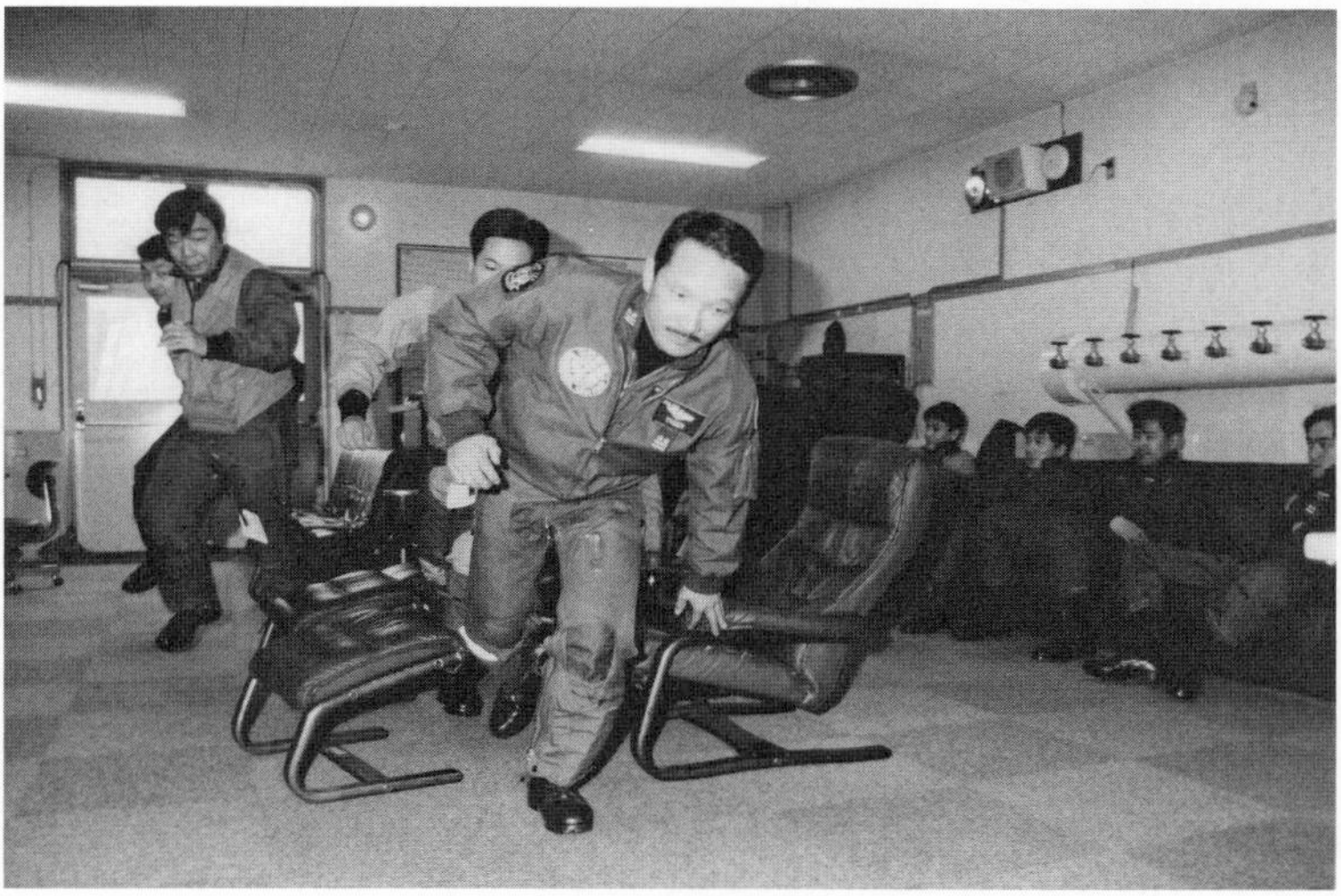

ジャーン！スクランブルだ！一気に緊張が高まり、機体に向け走り出す

素早く自分の機体に乗り込み、発進準備OK！

ためにスタンバイしなければならないからだ。スクランブルの戦闘機がアボートしたら、1時間待機のクルーは素早く自分達の戦闘機に飛び乗り、発進準備を済ませ離陸しなければならない。

このため、待機中の戦闘機にはたとえ上司の飛行隊長であっても、当該パイロットの同意なくしては触れることはできない。すべての点検、スイッチ類のセッティングを済ませ、そのパイロットが乗りこみやすいようそれぞれ工夫をして待機しているからである。パイロットも整備員もいかに早く発進状態にするか、基本手順を踏まえながらもそれぞれ工夫を凝らしている。

スクランブル機は発進後、彼我不明機に接近して行動の監視を行うが、相手機がわが国の領空に近づくようであれば、まずは無線による警告を行う。ロシア機であればロシア語で、中国機であれば中国語で、韓国機であれば韓国語で、それぞれ実施する。だからパイロットは最低限の各国語の警告用語を覚えておかなければならない。無線の周波数はＩＣＡＯ（国際民間航空機関）で決められた周波数を使う。世界の空を飛ぶ航空機は、軍用機と言えどもこの周波数を常にモニターしておかなければならない。

つまり人知れずして、スクランブルの際は緊急事態に備えた多岐にわたる作業をこなすことが求められるのである。しかしそこは複座機ファントム、任務分担して後席操縦者がこの警告を行う。前席操縦者は操縦に専念することができるので、夜間のスクランブルなどは単座機に比べて余裕があったといえよう。

小松基地の第303飛行隊時代、夜中に3回もスクランブルで飛び上がった経験がある。すべて、日本海を南下する旧ソ連機だった。ツポレフTu‐95爆撃機、ツポレフTu‐16爆撃機、アントノフAn‐22偵察機の3機種を一夜でＩＤ（Identification＝この場合、接敵して機種を識別すること）した。1年で数回しかＩＤしないパイロットもいる中、一晩で3回もＩＤし、それもすべて違った機種と言うことは滅多にあるものではない。さすがにこれが最初で最後の経験だったが、その日は一晩中、ファントムのコクピットに座っていた気がする。人間という者は、極度の緊張の中では眠気も疲れも感じないものである。この日は当然疲れて眠気が襲ってきてもおかしくない状況なのに、なぜか緊張感を維持できていた。3回目のスクランブルが終了し帰投するときは夜も明けて朝日がまぶしかった。疲労困憊――。しかし、私の心は任務をやり遂げたという充実感で満たされていた。

もうひとつ、スクランブルの話。私が築城基地のF‐86Fパイロット時代にアラートについていた遠い昔の頃のこと。ある日、日本海を飛行するTu‐95（以下ベア）にスクランブル発進した。ベアの横約2000フィート（約600メートル）に1番機が位置し、行動の監視をする。新米2番機の私はベアの後方で1番機をサポートしていた。このように1機が前方にいる時は、他の1機は対象機の後方に占位して編隊長をサポートする隊形を取る。そのころは、まだガンのみでミサイルは搭載していなかった。

Tu-95ベアの尾部銃。この銃口がこちらを向いてきた！

ベアの後方に占位していたその時である。ベアの尾部銃の銃口がこちらを向いてきたではないか。それまでは上を向いていた銃口が不気味にもこちらを向いて動いてきた。戦闘機に追従された状態で銃口を向けるということは、敵対行動をとるという意味だ。「あっ！　撃たれる！」と思ったその瞬間、私はベアの腹の下に潜り込んでいた。いくら相手が射撃の名手でも、自機の腹の下に射撃することはできない。これを端緒として国際紛争に発展する可能性もあり、まさか本気で私を撃墜するために銃口を向けたとは思わないが、気持ちのいいものではない。

そのころは、ロックオン（Lock On＝標的を捕捉すること）された時にアラーム音で示す警報装置もまだ装備されていなかったので、果たしてロックオンされたかどうかもわからない。しかし銃口が向いてきたら撃たれると判断するのが戦闘機パイロットの習性だ。

さて、お話ししたいのはここからだ。前述の場合、私がもしソ連機の射撃を受けて撃墜されても、編隊長はそのソ連機を攻撃することはできない。なぜなら自衛隊に与えられた権限は、刑法の「正当防衛」と「緊急避難」の法解釈でしか認められていないからである。民間人に対する刑法の中で行動せよというのである。部下が撃ち落とされても、撃ち落とされた後で相手機に攻撃を加えることは、「過剰防衛」とされてしまうのだ。もし、相手機を撃墜した場合は、民間人に適用される刑法で裁かれることになる。つまり、撃ち落としたこの編隊長は裁判にかけられ、殺人または過失致死という国内法で裁かれることになる。こんなバカな話があるだろうか。しかし、これが日本の現実である。この実態は今でも変わっていない。

もう少し詳しく説明しよう。自衛隊法第84条の「領空侵犯に対する措置」には大きな法的欠陥がある。それは、「行動規定」はあるが、「権限規定」がないことである。「行動規定」とは、「あなたの任務はこれこれですよ」と言うことで、「権限規定」とは、「あなたにその任務を遂行するための権限を与えます」と言うことである。ここでいう権限とは「敵対行動する者には武器を使ってもよい」という武器を使う権限である。本来あるべき姿は、「あなたは外国から侵入する航空機を排除しなさい」、だから、「侵入機が言うことを聞かず敵対行動をするようなら国内法にかかわらず国際法に則って武器を使って撃ち落としてもいいですよ」というのが筋である。

ところが、日本の現状はどうなっているか。仲間が撃墜されてもその相手機を撃墜できない。なぜなら、「正当防衛」と「緊急避難」の要件を満たさない限り、武器を使用できないという国内法に縛られているからである。これが我々自衛隊パイロットの行動をも縛り、自己犠牲だけを強いてきたことを、またこの法律が今の日本において通用しているという現実を是非知ってほしい。

この点について、国際法、いわゆる世界の常識はどうなっているかというと、以下のとおりである。

「領空とは、領土・領海上の空域により構成される国家領域。領土・領海に対すると同じく国家の主権が及び、領海における船舶について認められる無害通航権は、領空における航空機には一般に認められていない。領空主権の完全・排他性のため、ある国の領空における外国航空機は、外国船舶が沿岸国の領海において享有する無害通航権のような一般国際法上の権利を認められず、領域国の許可または条約、協定上の根拠なくその国の領空に立ち入る場合は、領空侵犯として国際違法行為とされている。その場合、領域国は警告、進路変更、退去、着陸命令などの対応措置をとるが、撃墜を含む実力行使がとられることもある。」

つまり領空は、絶対的、排他的な主権を有する空域であり、国際常識として、指示に従わずに侵入してきた領空侵犯機を撃墜することは排除されていないという解釈である。

その国際常識と照らし合わせれば、自衛隊機は端的にいえば「ミッション・インポッシブル」な状況下で任務を果たそうとしているのである。

自分の部下が撃墜されて、おめおめと帰って来られる編隊長がいるか！

「撃たれるまで撃つな」

「できれば武器を使わずに捕まえてこい」

「それがダメならお前たちは撃たれて来い」

とパイロットに命じているのが今の日本の法律なのである。

私の時代も、そして今でも後輩たちは、真の意味で国家に守られることなくスクランブル任務を粛々とこなしているのである。

将来の空戦はどうなるのか
――無人機へのシフトがもたらすものは――

航空自衛隊には現在、第5世代のF‐35が登場している。これが最後の有人戦闘機となるのだろうか。かつてF‐104は最後の有人戦闘機と喧伝されたが、そうはならなかった。しかし、空中での戦い方もAIを使った無人機の出現により、今度こそ、その様相は全く変わったものになるだろうと私は予想する。

母機から発射された多数のAI無人機が自分で一番脅威のあるターゲットを識別、撃墜する時代が来るだろう。無人機は人間が乗らないため、コクピットも計器も、パイロットに必要な与圧装置も酸素装置もいらない。当然、撃墜されてもパイロットを救うためのレスキュー態勢もいらない。戦闘機パイロットを育てるには10年以上の年月が必要だが、無人機なら数か月で製造できる。

無人機とAIを使った戦い方は、既に特に中国で研究が進められており、実現化の目途が立っているという情報もある。中国は平成29年、人口知能を搭載した119機の固定翼無人機を飛行させ、30年には200機の飛行も成功させ、大編隊での飛行技術を示した。この無人機にミサイルや爆弾を搭載して侵攻させれば、十分に槍の穂先となりうる。

そこで、パイロットもいらない無人機の大量投入を迎え撃つにはミサイルよりも速い光の速度でターゲットに到達し、次々と照射対象を替えられる高出力マイクロ波兵器の装備が効果的だ。この技術はミサイルでの迎撃に比べ弾数の制約がなく低コストで効果的な防衛手段である。防衛省もこの技術の研究に目途がつき、令和3年度以降、装備の開発に着手するための予算を計上するという。

中国とロシアは高出力マイクロ波と同じ指向性エネルギー技術のレーザーで、人工衛星を攻撃できる兵器を開発していると言われている。日本も装備開発で後れを取ることなく、世界に先駆けて日本の得意な分野での装備品の独自開発に頑張ってもらいたいものである。そうなると、将来戦の様相は大きく変わることになるだろう。

しかしながら、元戦闘機パイロットとしては、パイロットの搭乗しない戦闘機は戦闘機じゃない。それは単なる殺人兵器としての空飛ぶロボットだ。

科学技術が進歩し、新しいウェポンが開発されると戦い方の様相も変わるのは当然であるが、かつての戦闘機パイロットとしては一抹の寂しさを禁じ得ない。

第5章

脈々と生きる大空の教え

NO GUTS NO GLORY

――闘志なきところに栄光なし――

2章でも触れたように、戦闘機パイロットとしての飛行訓練が始まってまず教えられたのがこの言葉である。F-86Fのパイロットが熟知しなければならないTO-1（技術指令書）の冒頭にこれが書かれていた。このTO-1は英語の原文のままであったから自分たちで翻訳して使っていた。この言葉は、米空軍が第二次大戦や朝鮮戦争で戦って得た戦闘機操縦者としての教えだった。

そのころは、かつての空中戦と同じで、戦闘機同士が出会ったらドッグ・ファイトに持ち込んで、粘り強く相手の後方に回り込み、攻撃するというパターンが多かった。朝鮮戦争のミグ（MiG-15）とセイバー（F-86F）の戦いはジェット戦闘機時代到来の空戦の歴史にも残る。格闘戦になると相手を撃ち墜とすという強靭な精神力と優れた技量が必要だった。そのため、戦闘機パイロットには何者にも負けないという闘志が必要だ。この闘志を燃やし、敵を撃墜した者にだけ栄光があるということである。

これは、現代にも通用する言葉である。昔のようにドッグ・ファイトに入る状況は少なくなったとは言え、過酷な空中環境の中で戦う戦闘機乗りにとっても大切な教えである。墜とすか墜とされるかの違いで生死の分かれ目となる。そのためには、平素からの過酷な訓練に耐えるための「やる気」（今風にいえばモチベーション）、「闘志」を維持しなければならない。

自分の夢を実現しようとする目標、競技などで相手に勝ちたいという目標、仕事で成果を出したいという目標、昇進したいという目標。この欲がないところにやる気は起こらないし、闘志もわかない。航空学生の伝統にも「やる気」、「元気」、「負けん気」と言うのがある。

内に秘めたる闘志を養い、空中で爆発させることの出来るパイロットこそが、本物の戦闘機パイロットと言えるのだ。

「闘志なきところに栄光なし」。素晴らしい言葉である。

STAY WITH LEADER

——リーダーに従え——

これもハチロク時代に教わった言葉である。

そのころのウイングマンは、ファイティング・ウィングという位置でリーダーに追随して空中戦闘に参加した。この位置は、リーダーの約30度後方で距離は約1000～1500フィートの円錐形のポジションである。ファントムのフォーメーションでもこの隊形は残されている。ハードな機動をするリーダーについて行くときにはこの隊形を保持する。操縦学生が最初に訓練するのもこの隊形である。

リーダーが攻撃している時はこの位置に付いて後方を警戒するのがウイングマンの任務だった。しかし、リーダーよりも先に相手から狙われやすい欠点もある。つまりリーダーは最大性能で機動するので、時々ついて行けなくて置いてきぼりを食らうこともある。そうなると、もう敵の餌食である。だから、若いウイングマンは何がなんでもリーダーに追随していかなければならない。

視点を変えると、「リーダー、上司の命令指示には従え」と言う意味もある。自衛官は上官の命令に従う義務がある。特に上空では、その命令、指示に対して理由を聞いている暇などない。リーダーが「ライト・ターン」と言ったら黙って「ラジャー」(了解)。まずは、操縦桿を右に倒す。そして、その先を考える。そうしないと1秒の遅れで敵に回り込まれることがある。この習性は地上に降りても同じ。先輩が「カラスは白い」と言えば、カラスは白いのである。後輩が「いえ、カラスは黒いです」と反論している余裕はないのである。それで先輩がたとえ間違っていても運命を共にするのみである。

特に操縦技術の伝授は過去も現在も徒弟制度の世界である。まさに、職人の世界と同じ。先輩の技を盗み見しながら自分のものにした者が早く腕は上がる。武道の世界に「守、破、離」という言葉がある。「守」は、まずは教えを守ること。「破」はその教えをあえて破ること。つまり、モノづくりの世界でいうところの「カイゼン」である。そして、「離」はその教えを基に自分独自の技を作り出すこと。

この教えは武道だけでなく、技術、技能を学ぶ者のすべての世界に通じるものがあると思う。最近のＩＴの世界でも結局は同じではないだろうか。

THINKING AHEAD

——先を読め！——

大空では、千変万化する環境の変化の中で、今の結果がその先に何をもたらすかを常に考えながら飛ばなければならない。気象の変化しかり、機体のトラブルしかり、引き連れている僚機への指示しかり。ましてや、戦闘場面になると何が起こるかわからない。地上でもあらゆる事象を想定してフライトに臨むが、上空に行くと自分の想定を超えた事象に遭遇することもある。その時も考えられる限りの先の先を読みながら飛ぶ。先を読んでおくことにより、自分の想定した緊急事態に遭遇しても、それは「不測事態」ではなく、「予測事態」なのでそれなりに対処することができる。

災害などで責任者が「想定外だった」と言い訳をしているのを聞くにつけ、「お前が想定してなかっただけじゃないのか！」と思うことが度々ある。これは、普通の生活にもビジネスの世界にも通じることだ。常に予測を立ててそれに対する腹案を持つことにより、不測事態に遭遇しても慌てる事なく対応することができる。この先を読む力、つまり想像力をどれだけ働かせることができるかによって事態対応能力が違ってくる。

若いころ「悲観的に準備して楽観的に行動せよ」と教えられたことは先にも書いた。悲観的に準備するとは、あらゆる最悪の事態を想定してその対処要領を考えておくこと。楽観的に行動するということは、その最悪の事態が発生しても、慌てることなく適切に行動できると言うことである。

日本には「言霊」ということばがある。「縁起でもないことを言うもんじゃない」と子供の頃に祖母から叱られた思い出がある。悪いことを考えて口に出すと、それが現実として起こるという言い伝えである。悪いことは起こらない、だから考えない、だから今は幸せ、という日本人特有の思考形態ではなかっただろうか。これを、先に触れたように正常性バイアスともいう。つまり、より深く悲観的に考えようとする文化が根付かなかったのである。例えば、原子力は安全、事故は絶対起こらない、起こっても放射線は漏れない、という原子力安全神話もそうである。あるところまでで、悲観的な予測が思考停止してしまうのである。つまり、最悪の事態を考えるだけで言霊の世界に入り、悪いことが起きるという迷信にとらわれるのである。

左から、第302、301、306飛行隊のF-4

しかし、そうはいっても上空においては、想定していなかった事象に遭遇することはたびたびあった。瞬時の判断を誤り、危険な状態に陥ることもある。その時は、どうするか。

とにかく「ああすればよかったのか」と後ろを振り返らない。済んだことをくよくよ考えても始まらない。そうではなくてまず「先を読む」という考え方を身につけなければならない。戦闘機は音のスピードに近いところで飛んでいるのである。誤った判断をしたと思ったら、その時点でベターだと思う行動に改める。それがベストでなくてもよい。ベストの策を考えているうちに次の危険が迫っている。一瞬の判断でベターと思う行動をとるのである。

こうして戦闘機パイロットは、最悪の事態を想定しながらそれを回避し、その都度次善の策をとることの繰り返しで、可能な限りベストの方向に向かって飛んでいく。

BACK TO BASIC
――基本に帰れ――

飛行安全の根幹は基本に立ち返ることである。基本をおろそかにするから事故は起こる。私たちは飛ぶときに、色々な基本手順を守りながら飛行する。外部点検から始まってエンジン・スタート、プリタクシー・チェック、タクシー、テイクオフからランディングまでの一連のフライトの中でも、それぞれ多くの基本手順が定められている。この手順は先輩たちの血と汗の結晶からできている。多くの事故を経てより安全な手順が追加されていく。後輩は、この手順を忠実に守ることにより、先輩達が命を代償に残してくれた教訓の恩恵にあずかれるのだ。もちろんそれは忠実に基本手順を守っていればの話。ところが、時々この基本を守らせまいとする悪魔の誘いが誰にでも忍び寄る。

ある日、ファントムのキャノピーに指を挟まれたパイロットがいた。3000psi（圧力の単位）の油圧で閉まるキャノピーに挟まれたら痛いでは済まされない。なぜそんなバカみたいな事故が起きたか。彼は、キャノピー・レール（機体とキャノピーとの接合部）に手を置いてはいけない、という基本手順を守らずにいつもキャノピー・レールに右手を置いて（横着にも）左手でキャノピー開閉スイッチを操作していた。そこに、悪魔が忍び寄ったということである。幸い、彼は「痛い！」と思った瞬間に「開」のスイッチを作動させたため、骨折で済んだ。キャノピーが完全ロックまで行っていたら彼の指はせんべい状態になっていただろう。

また、ある時は、ファントムのJ79エンジンにニーボード（手順等をファイルするためにパイロットが膝に装着するバインダーみたいなもの）が吸い込まれるアクシデントが発生した。ニーボードはプラスティックでできているが金属部分もある。いくらJ79のエンジンが丈夫といってもそのまま飛行するわけにはいかない。一度格納庫でエンジンを降ろして、分解して点検しなければならない。整備員にとっては余分な仕事である。これも、エア・インテークの上には物を置いてはいけない、という基本手順が守られなかった結果である。パイロットは乗り込む時、手に持っているヘルメット・バッグとかニーボードが邪魔になるので、ついついインテークの上においてハーネス等を装着する。以前にも同じような事故があったので手順を決めていたにも拘わらず、時間が経つとその手順が定められた経緯を忘れ、同じような失敗をする者が出てくる。

上空でも過去の事故事例から基本手順が決められている。例えば、降下する時は、1万フィートを過ぎる時には必ず後席が「パッシング ワン ゼロ」とコールする。これは、「1万フィートを降下中だよ」という注意喚起である。以前、高度計を見誤って墜落しかけた事例があった。そのファントムは、急激な引き起こしのため翼に皺が出来るほどのオーバーG（機体制限Gを超える事）をしてやっとのことで生還した。一歩間違えば海の藻屑と消えていた。2人乗りでもこのような過ちがある。多分その時は、前後席ともにほかのことに気を取られていたのだろう。こうした事故経験をもとに数々の基本手順が決められているのである。

人間はどうしても自分に甘くなる。先輩の血と汗の代償で定められた基本手順もいつの間にか風化する。決められた手順、基本となることの本質を忘れ、「自分手順」にしがちだ。なぜならその方が楽だから。また、その手順が作られた経緯なども考えなくなるため、手順が形骸化していると勝手に自分で判断してしまう。その時に事故という悪魔が忍び寄ってくる。

CHECK 6（シックス）

――後ろを警戒せよ――

戦闘機パイロット仲間ではよくこの言葉を使う。例えば、空中戦で相手を撃墜した時など、着陸して相手のパイロットに対して指をさして「チェック6」と誇らしげに言う。これは「お前、今度からは後ろに気をつけなよ」という意味でまさに傷口に塩を擦り込むようなものである。やられた方は、それでなくてもしょげて帰ってきたのに、降りてすぐ列線でこれをやられたら2回撃墜された気分になる。

今は、レーダーが発達し、格闘戦での撃墜・被撃墜が少なくなったとはいえ、レーダー網をくぐり抜けて敵の1機が真後ろ、つまり時計の短針の6時の方角から忍び寄っていることもある。常に後方警戒を怠るなという戒めである。F-4改になってからは後方警戒装置が精度のよいものに改善されたとはいえ、相手にロックオンされないと気付かないことが多い。ロックオンされた時はもう敵のミサイルは発射されていると思うべきである。目視だけでなくレーダーでも敵は後方に回り込もうとしていないかを常に警戒しておかなければならない。

これに類する言葉に「LOOK AROUND」という言葉がある。読んで字のごとく、「四周を警戒せよ」ということである。上空では、敵を早く見つけ、1秒でも早くミサイルを発射することが勝敗の分かれ目となる。そのため、常に警戒を怠ることなくミッションを遂行せよという戒めである。

これは戦闘機パイロットに限った教訓ではないだろう。いかなる仕事であろうとも、1点ばかりに目をやることなく常に全体の動きを見ながら情報を収集し、先を読むことは大切なことだ。そして上司は部下の不満などがたまっていないか気を配りながら、後方を警戒し、後ろから撃たれないよう気を付けなければならない。信頼していると思っていた部下に梯子を外されないように気を付けなくてはいけないのはどこの世界も同じである。

自衛隊でも、時に憎たらしい上司がいると、「後ろから弾が飛んでくるぞ!」と、陰口をたたかれたりすることもあった。……ルック・アラウンド!

第6章

戦闘機パイロットの世界

パイロットの3分頭

――上空では思考能力が低下――

飛行学生の頃、パイロットの3分頭（さんぶあたま）と教官によく言われた。つまり「初心者のお前らが飛んでいるときは1／3しか頭は働いていないよ」ということ。パイロットは、飛行中に色々な仕事を同時にこなさなければならない。

例えば、水平飛行をするときの状況で説明してみよう。下から見るとまっすぐに飛んでいる飛行機も、実は微妙に動き回っている。一定した飛行状態を保って操縦するためには多くの計器を見なければならない。高度を守るための高度計、方向を維持するための方位指示器、速度を守るための速度計、それに雲中飛行なら姿勢指示器。これらの計器を常にクロスチェックしながら飛行諸元を守って飛んでいるのである。オートパイロット（自動操縦装置）はこれらをすべてコンピューターがやってくれる。ファントムにもこのオートパイロットはあったが当初はあまり信頼できる代物ではなかった。

飛行学生がプロペラ練習機でまず教わるのが水平直線飛行だ。これが初めのうちはなかなかできない。真っすぐ飛ぼうとすると高度が下がっている、高度を維持しようとするといつの間にか旋回していて方向がずれてくる。今度こそはと、高度、方向を守っていると速度が変化している、といった具合に、高度、方向、速度、姿勢を寸分の狂いもなく守ることはパイロットの基本であるが、3次元の世界ではこれがなかなか難しいのだ。

車の運転なら、道路を走っているため、その道路に沿って走っていれば高度と方向に気を遣う必要はない。気を遣うのは速度違反をしないようにスピードメーターを見ていればいい。ところが3次元の世界を飛行する空中では、速度に気をつけて道路上を走る作業に高度と方向の維持という仕事が加わってくる。さらに、地上の管制塔との交信、編隊間の意思疎通、他機とぶつからないようにルック・アラウンド（索敵）、ファントムなら前後席のやり取り、と一人で何役もこなさなければならない。

普通に飛んでいてもパイロットにはこれだけのロードがかかっているのに、これが戦闘場面となると頭の中はほとんどスクランブル状態である。同時に入る多くの情報を処理し、瞬時に判断、決心して操縦桿を握る。すべてを100％こなすことは至難の業、まさに、スーパーマンの世界である。これが、訓練を積んできたベテランになると、どの情報を優先させ、とりあえずは別の情報については後回し、と言った取捨選択が出来るようになる。それでも、頭の中の働きは7分頭くらいかも知れない。

例えば空中戦で下方のターゲットに突っ込む時、まず先に高度計を一瞥してリカバリー高度を判断する。これは、リカバリーできずに海面に突っ込むことを防ぐために、まずは高度を確認するという行為だ。そして、最大性能を発揮して突っ込む。また、上方のターゲットめがけて機体を引っ張り上げる時は、まず速度計をチェックする。それはスピードを失って失速させないためである。こうして、戦闘機パイロットは今、何を優先して情報を取り入れるかを取捨選択しながら飛行するのだ。

飛行学生の頃はまだ慣れていないため、上空に上がると緊張と飛行機のスピードについて行けなくて、地上で準備したことの3割くらいしかできなかった。飛行機は車みたいにちょっと止まって考えるということができない。要は、飛びながら、考えながら6割の準備が出来たらよしとして行動しなければ間に合わないのである。

孫子の兵法にも「兵は拙速を旨とする」とある。

何もしないのが一番いけない。

音の2・2倍の速さである。

超音速の世界

——音よりも速く——

前述のようにファントムはカタログ上マッハ2・2まで出すことができる。音の2・2倍の速さである。事実、テスト・フライトではある条件下でマッハ２・２を記録したのだろう。しかし、普通の訓練ではそこまで出すことはない。あのデカい図体で、いくら強力なＪ79ターボ・ジェットのエンジンが火を噴いても、マッハ２・２に到達するまでには燃料がなくなって帰れなくなってしまうだろう。スーパー・ソニック（超音速）を出してもせいぜいマッハ１・４くらいである（ちなみにマッハ１・０は通常１２２５キロ／時とされている）。１分間に約20キロメートル飛行する速さである。東京と大阪間が直線距離で約４００キロだから、約20分で飛行することができる。

初めて人類が音の壁を突破したのは１９４７年10月14日。米空軍のテストパイロットのチャック・イエーガー氏がＸ‐１実験機で達成した。彼は人類で初めて音の壁を突破した男として知られている。「ライト・スタッフ」というタイトルで映画化もされた。そう、それまでは、音速を超える時はこの音の壁を破らなければならないとされていた。この音の壁は誰も見たこともないし経験したこともなかった。丁度、今から70年余り前のことであった。

それでは、音より速く飛ぶとはどういうことだろうか。遠くで稲妻の光が見えた。４秒後に雷鳴が聞こえた。マッハ２・０の戦闘機はこの雷鳴が聞こえる２秒前に既にあなたの上空を飛び去っているということである。

初めて私が音速突破したのは、Ｆ‐１０４Ｊで小松沖のＧ訓練空域を飛んでいる時だった。第

3章で既述した「超高高度要撃訓練」である。人類が音の壁を破って30年しか経っていない頃だ。繰り返しになるが、その日は、与圧服と言ってちょうど宇宙服と同じような装具を身に付けてフライトに臨んだ。地上から酸素ボンベみたいなものを携行し、それを与圧服に接続して100％酸素を吸いながら飛行機のところに行き、その酸素ホースを今度は機体側に繋いで離陸する。ちょうど宇宙飛行士がロケットに乗り込む様子と似ている。そのころは、こうして超音速で成層圏を飛行して要撃する訓練もしていたが、それでも私の経験ではマッハ1・8くらいまでだったように記憶している。

「音の壁を突破した時はどんな感じがする？」とよく聞かれる。その時は相手の期待に応えるべくこう答える。「宇宙戦艦ヤマトがワープするときに、風景がゆらゆら〜として、スパッと別世界に飛び込むやろ？ あんな感じ……」。相手は何となく納得したような、しないような顔をしている。そこで本当のことを話す。「計器がマッハ1・0を示すだけで何の変化も起こらないよ」。これにも相手は何となく不満げである。

そう、コクピットに座っているパイロットには計器でしか音速突破の現象は判別できない。ただ、機体の外には音速突破の衝撃波が発生し、陸地近くの上空でこれをやると家のガラスが割れたりするほどのエネルギーが発生している。雷でもないのに「ドカ〜ン」という音を聞いたりしたことはないだろうか。あの音が音速を出した時の衝撃波である。だから、超音速の訓練は洋上

F-104時代は、小松基地第205飛行隊に所属。これはマルヨン最後のフライト時

空域でやっていた。

それでは、ファントムのコクピットで、前席と後席の境に音の壁ができていて、前席は音速突破の状態、後席はまだ音速に到達していないと仮定した場合、後席の声は前席に届くだろうか？

理屈では音より遅い位置にいる後席からの声は音より速く飛んでいる前席には聞こえないはずだ。

しかし、コクピットの中はインターホンで会話をしているから大丈夫。ちゃんと会話はできる。現役時代にヘルメットを脱いで、肉声会話でこの実験を一度やってみたかった。

Gロック
——血液が脳に達しない——

「Gロック」とは、「G-LOC」（Loss of Consciousness by G-force）と書く。つまり、旋回時のGにより脳に血液が不足して失神する状態である。「G」とは重力加速度のことであり、普通に生活している状態を1Gという。それに体重の2倍の重さがかかる状態を2G、6倍なら6G。つまり、6Gだと体重70キロの人が420キロの重さになる。戦闘機は急旋回すると6G～8Gくらいはかかる。パイロットが普通に耐えられるGは個人差はあるものの6Gくらいまでだろう。そのためにGスーツと言って腰から下を締め付ける装具を身に付ける。これでも耐えられるGが、1〜2G程度プラスされるだけである。

皆さんがジェット・コースターに乗った時、降下から上昇に移る時に下に押し付けられるような感じになる経験をしたことはないだろうか。あれがプラスのGである。逆に上昇から下降に移るとフワッと内臓が浮き上がるような経験をすると思うが、あれがマイナスのGである。エレベーターの中でも同じような経験をした人がいるだろう。航空祭でブルー・インパルスのソロが背面飛行をしている時にはマイナス1Gがかかっている。これは、内臓がのどから出そうな感じであまり気持のいいものではない。

戦闘機は、通常マイナスのGはあまりかけないがドッグ・ファイトではプラスのGはかけっぱなしだ。ファントムの場合は、機体の制限Gが7G前後（機体重量により変化）なので、通常6G以内で戦闘する場面が多い。この時のパイロットの状態はどうかと言うと、バックミラーで自分の顔をみると10歳は老けて見える。なぜなら目じりは下がり頬のお肉も顎の皮膚も垂れ下がり、まるで爺さん状態である。それもそのはず、6Gとは自分の体重が6倍になっているのである。このGはパイロットの体全体にかかるので、顔の筋肉も6倍の重力に耐えきれない。腕はというとダンベルを持っているような状態で上にあげることができない。

ファントムの場合は、後席に搭乗していて不意にGをかけられるとたまらない。レーダー・スコープをのぞき込んでいた時に、急にGをかけられ、スコープにヘルメットがくっついたままつぶせになって頭が上がらず「ごめんなさい状態」になった後席もいた。しかもこの後席は戦闘が終わるまでずっとこの状態でいたからほとんど役立たず。地上に降りてからも前席に頭が上がらなかった。これがほんとの頭の上がらない状態と言おうか。だから、急激にGをかける時には後席にも知らせるようにしている。これがファントム・ライダーとしての前後席のコミュニケーションと信頼関係の一例だ。

急旋回でGをかける時、全身の筋肉にギュッと力を入れ、すべての血管を締めると同時に呼吸の仕方も変える。筋肉を引き締めることと呼吸の仕方を変える事により、少しでも首から上に血液が送られるようにするためである。それでは、高G状態を続けるとパイロットはどんな状態になるだろうか。まず、Gスーツがパンパンに膨れて足と腹部を締め付ける。当然全身の筋肉にも力を入れて踏ん張っている。それでも旋回を続けていると段々と視野が狭くなり、目は開けているのに目の前が暗くなり何も見えなくなる。これを「グレー・アウト」という。この時はまだ意識はある。これは、血液が重力により下方に押し下げられ、頭にまで届かないから起きる現象だ。まずは視神経がやられる。これをさらに続けていると次は意識のない状態になる。つまり、G-LOCKである。通常、グレー・アウトになりかけた時にパイロットはGを緩めるので失神に至ることはまずないが、急激にGをかけるとグレー・アウトからG-LOCKまでの過程が一気に進行し失神することがある。これで海面に突っ込みかけたパイロットもいる。この失神から回復

背面飛行するF-4EJ改。これがマイナスのGがかかっている状態（写真：K.Tokunaga）

した時は、今まで自分が何をしていたかが一瞬わからない。「フゥ〜」と、眠りから覚めるような感覚である。飛行機は勝手に飛んでいるから、ともすると異常事態に陥っていることになる。幸いにもリカバリーした時、そこで初めて「俺は気を失っていたんだな」と認識するのである。

空中戦闘訓練中に原因不明で墜落したケースには、この状態に陥っていたのではないかと思われる事故もある。

こんなフライトを続けていたら身体に良いわけがない。戦闘機パイロットの中には腰痛持ちが多いが、一種の職業病である。若いとき発症しなくてもリタイアして腰痛を訴える仲間は多い。MRIを撮ると背骨の間隔は通常の人よりも縮んでいる。コクピットに座っていると上半身の体重がすべて腰にかかっているところに、自分の体重の6倍もの荷重がかかるのだからたまらない。現役時代は筋トレをすることにより筋肉の力を借りて腰にかかる負荷を軽減するトレーニングも必須の要件だった。

ハイポキシア

——酸素が足りない——

ハイポキシア（Hypoxia）とは、低酸素症又は酸素欠乏症のことである。金魚鉢で酸素不足のため金魚がアップアップしている状態と同じだ。上空に上がると、気圧は高度2万フィートで約1／2、3万フィートでは約1／4となる。つまり酸素濃度も気圧に比例するので3万フィートの酸素濃度は地上の1／4となる。ちなみに3万フィートの気温はマイナス50度前後。人間の生きていける環境ではないことがわかると思う。旅客機も通常この高度を飛んでいるが、キャビン内は与圧といって圧力をかけている。丁度、風船が膨らんでいるような状態である。だから中で拳銃でも発射しようものなら外壁はいっぺんに吹っ飛びシートベルトをしていない乗客は外に吸い出されてしまう。こんなシーンを映画で見たことがある人もいるだろう。あれはまんざら作り話でもない。

戦闘機は、旅客機みたいに与圧をしていると、被弾した時にキャノピーが吹っ飛び、操縦不能になる。また与圧することになると機体構造は複雑化、重量も増える。このため、酸素不足にならないように酸素マスクから機体に装備した100％酸素と外気とを混ぜた空気を吸っている。ところがこの酸素装置の不具合で酸素が供給されない故障が発生することがある。酸素が供給されていなくてもパイロットは同じように息はできる。だから、酸素装置の計器を見ない限り正常に働いているかどうかはわからない。酸素が供給されない状態を実飛行で体験することはできないため、チャンバーと呼ばれる低圧訓練装置で地上において体験することができる。これは、人間が酸素不足になった時にどんな状態になるか身をもって体験する訓練装置である。

運動した後などに酸素不足で「ハー、ハー」と激しい呼吸をすることは誰しもあると思うが、これとはまた違う。低酸素症は、普通に呼吸できていて苦しくもなんともない。チャンバーの中に入り酸素マスクをつけた状態で徐々に気圧を抜いて、高度3万フィートを飛行しているのと同じ環境をつくる。そして、酸素マスクを外す。つまり、酸素濃度は地上の1／4になっているので、十分な酸素が供給されない状態である。そして、数字の1000から逆順に999、998、997……と言う風に書いていく。そうすると1分位したころから、この数字を間違って書くようになる。つまり、脳が働かなくなってきている状態になる。もう少し経つと顔がほてってくるような感じになるが、これには個人差がある。そのまま続けているといい気持ちで眠くなり、いつの間にかスヤスヤと眠り始める。通常ここまでやるパイロットはいないが、若手のパイロットは我慢して頑張るときがある。その時はおかしくなった時点で補助者が酸素マスクをあてがい100％酸素を吸わせる。すると彼は意識を取り戻し、自分が酸素欠乏により失神し始めていたことに気づく。

これが、飛行中に起きたらどうなるか、推して知るべしである。高高度を飛行中、訓練に夢中になり低酸素症になっているという自覚がないまま意識がなくなる、というのが一番危険である。ファントムの場合は2人乗っているからまだお互いが注意し合えるが、単座機の場合は自分の命は自分自身で守るしかない。

Ｆ－１０４の時代は高高度を飛行することが多かったので、このハイポキシアで命をなくしたパイロットもいたと思う。あくまでも推定原因だが……。

ナイト・フライト
――真夜中の２人――

真夜中にスクランブル発進のベルが鳴る。アドレナリンが飛び出るくらいの緊張が走る。発進した後は、地上の要撃管制官との無線交信によりターゲット情報を確認し、新たな状況の変化に対応するため編隊内の打ち合わせも上空で行う。そして、彼我不明機に対する接敵、警告、行動の監視等の一連のミッションも無事終わり、次の待機のために帰投する。

大げさに言えば、「真夜中、みんなが寝ている時に俺たちはこうして国を守っているんだ」とやりがいを感じ、パイロットになってよかったと思う瞬間である。人間は、こうした一瞬の喜びのために日頃の厳しい訓練に耐えているのかもしれない。

その時、コクピットの外に目をやると、一面の星空。ダイヤモンドをちりばめたように、地上で見るのに比べ何倍もの数の星が輝いている。その星空は、コクピットの下方にまで続いている。流れ星も上下左右へと流れ、コクピットの横の方でも流れている。――流れ星に願いごとをすると叶えられるという言い伝えがあるが、何度やっても一度も叶えられたためしがない――洋上から陸地に近づくと、街の明かりも遠くに浮かび上がってくる。サン=テグジュペリの小説『夜間飛行』を思い出す。

緊張の後に訪れるある意味安らぎの時間でもある。しかし、まだまだ着陸までは気を緩めることはできない。天気の良い日は問題ないが、悪天候で着陸制限ギリギリの状態でスクランブルがかかるときもある。こんな時は帰投するのに発進時と同じくらい気を使うし緊張もする。新米の僚機を連れていれば、彼も安全に連れて帰り着陸させなければならない。

とまあ、こんなシビアな状況はさておき、帰投する基地の天候は問題ないし、上空も満天の星空、燃料も十分あるし、計器も異常なし。後は帰投するだけとなるとファントムのコクピット内では前後席2人の会話が始まる。とりとめもない話が多いが、中には人生相談を受けることもある。次の週末の遊びの話をすることもある。昔は女性戦闘機パイロットはいなかったが、仮に後席に座っているのが憧れの彼女なら、まさに告白するには素晴らしいチャンスである。誰もが経験できない絶好のシチュエーションだが、前後席の距離があるから手は握れない。

水平直線飛行を続けていると、真夜中も2時頃を過ぎると眠たくなる。前後席の話もそろそろ尽きた。その時は、前後席でしりとりを始める。しりとり歌をワンフレーズずつやる時もある。ある時、これをやっている時にホット・マイクになり全国放送をしたファントム・ライダー達が

朝も昼も夜も、24時間365日、我々はアラート待機を続けている…(写真:K.Tokunaga)

いた。ホット・マイクとは、前後席の会話がそのまま地上に筒抜けになる通信装置の故障を意味する。通常、前後席はマイク・スイッチを押さなくてもそのまま会話が出来て、2人の会話は当然外部には送信されないようになっているが、それが故障して交信ボタンを押したままの状態になったのである。この2人は降りてきて、飛行隊長から「お前たちの歌は下手だな〜。もう少し練習してから飛べ!」とお叱りを受けたのは言うまでもない。

まさに、ファントム・ライダーの異次元の世界である。

第7章

アクシデントを乗り越えて

エマージェンシーはサイレンで始まる

―緊急事態発生、身構える人たち―

基地内にサイレンが鳴り響く。

「エマージェンシー　エマージェンシー　機種Ｆ-４　機番４４０号機　ハイドロアウト　パイロット戸田２尉　場内救難隊はベースオペレーション前に集合せよ！」

基地内一斉放送が緊迫した状況を伝える。基地の近くの官舎にもこの放送が聞こえ家族の耳にも入る。自分の旦那じゃないかと心配する奥様たち。エマージェンシーは、安否を気遣う家族をも巻き込んでの緊急事態となる。

ハイドロアウトは、油圧系統が故障したので速やかに救難態勢を取れと言う指示である。ハイドロアウトでまず考えなくてはいけないのはコントロールが効かなくなること。しかし、Ｆ-４は２つのエンジンからそれぞれの系統で油圧を供給しているので、両エンジンがフレームアウト（エンジン停止）しない限り、何とかコントロールはできる。次に考えなければならないのが、着陸時にブレーキが効かなくなること。この可能性は十分にある。

このように緊急事態の状況により、地上では最悪の事態を想定し、それぞれのセクションが受け入れ態勢、救難態勢を整える。

想定外は、ない。救難隊は待機中の救難ヘリに飛び乗りエンジンを回し始める。消防車はけたたましいサイレンを鳴り響かせて滑走路を走り、事故機に追随する。施設隊はオフ・ランウエイ(滑走路逸脱)に備えレッカー車を走らせる。整備、修理の関係隊員は緊急事態の内容に応じてそれぞれのスペシャリストを集める。総勢約30名が集合し、場内救難隊長の指揮下に入る。そうして、万全の態勢で事故発生に備える。

飛行訓練をしている時は、常にこの緊急事態対処要員が交代で待機し、緊急事態に備えている。食事に行くときも交代で、常に緊急事態に対処できる態勢を整えているのだ。これが戦闘航空団の日常である。

私は若い頃、よくエマージェンシーを上空で宣言した。「また、戸田2尉か」と言われるくらい。一番シビアなエマージェンシーは、F‐104Jで夜中のスクランブル発進中に発生した。そのころ、アラート待機所の工事が行われていたため、機体は屋外駐機でスクランブルの待機についていた。北陸の寒い夜で雪が降っていた。スクランブルが下令され、旧ソ連のTu‐16爆撃機をID(識別)して行動の監視も終わり、一段落して帰投する時にそれは発生した。着陸準備に入りフラップを降ろしたところ、作動しないではないか。夜間において、F‐104JのNO FLAPでの着陸は非常に危険である。技量によっては、無理して夜間着陸するよりもベイルアウトをさせることもある。なぜ、そこまで危険かと言うと、通常着陸時、低速での揚力を増すためにフラップ（高揚力装置）を使用する。これを使用しないで着陸しようとすると、揚力を確保するためには通常よりも速いスピードで進入しなければならない。当然、接地時の速度も速くなる。ファントムの進入速度が約160ノット（時速約290キロ）とすると、F-104Jのフラップ故障時の進入速度は約240ノット（時速約430キロ）近くにもなる。このスピードで着陸すれば、まず通常の滑走路長では停止できない可能性がある。最悪、オーバー・ランするかバーク・ナイン（空母上での着艦のように、滑走路にワイヤーを張り、フックでそれを引っ掛けて止めることを当時こう呼んだ）である。夜間にNO FLAPの緊急状態で着陸したパイロットは私の記憶にはなかった。ましてや、当時の私のような新米パイロットにとっては、重大事故につながりかねない緊急事態と言えよう。

さて、電気系統は正常なのにフラップ・レバーを操作しても作動してくれない。さあ困った、この時、北陸の冬の荒れ狂った海が頭に浮かんだ。下方ではあちこちで雷鳴が轟いている。冬の北陸は雲が立ち込め、雲中飛行しなければ雲の下には降りられない。まずは緊急事態を宣言して地上の救難態勢を整えてもらう。

それからいろいろと緊急手順を試みても変化なし。燃料もあと20分くらいしか持たない。編隊長もそばに追随してくれているがなすすべもない。この真夜中、荒れ狂う冬の日本海に投げ出されれば数時間と命はもたないだろう。さあ困った。

28才、F-104Jでも実にさまざまな経験をした

そこでふと思いついた。機体にGをかけてみればフラップ自身の重みで降りるのではないかと。困った時の神頼み、当然そんな手順など手順書にはない。

雲下に出て、高度2000フィートあたりで、フラップ・レバーをダウン側に倒して機体を引っ張りまわしてみた。水平線も見えない暗闇の中、3G、4Gとかけてみたがやっぱり変化なし。速度も減っていく。そこで今度はアフターバーナーを焚いて6Gまでかけてみた。すると、コトンという音とともに計器を見るとフラップが半開まで降りたではないか！ 地獄に仏とはこのことであろう。正常に着陸するためには全開までフラップを降ろさなければならないが、半開の状態での訓練は今までやっている。これ以上やって、片方だけ全開、片方半開になったりしたのではより状況は悪化する。とりあえずは、半開状態で着陸を試みようと決心した。しかし、夜間にこの状態で着陸するのはむろん初めての経験であった。

幸い、なんとか無事に着陸し、事なきを得たのだが、地上では大変な騒ぎが発生していた。ベイルアウトさせる空域まで考えて救難機を待機させ、宴会中の基地の幹部に非常呼集がかけられ、独身幹部宿舎で一杯やっていた同僚も飛行隊に出てきていた。真夜中、仲間に拍手で迎えられ、私が飛行隊に戻った時は、迎えてくれた上司、同僚の酒臭くさかったことを今でも覚えている。「俺が、死ぬ思いをしていたのにお前たちは酒を飲んでたのか」と言いたいところではあるが、でも、それが我々の任務である。腹が立つどころかやりがいすら感じた記憶がよみがえる。みんなが安心して眠るために、我々は真夜中のスクランブル待機についているのだ――。しかし当時の私はと言えば、まだ飛行経験も浅かったので精も根も尽き果て、その夜はまるで夢の中を彷徨っているような感じだった。

さて、そのNO FLAPの原因だが、野外駐機のため湿った雪が解けてフラップの可動部分で凍結し固着した状態だったのが、低高度で徐々に凍結が解けはじめ、引っ張りまわしたGによって元に戻った、と言うことであった（ちなみにフラップ不作動の手順に私の試みた手順を加えるよう進言してみたが、採用はされなかった）。

これが、現役時代、私の経験した最もシビアなエマージェンシーだった。

ファントムでも記憶に残るエマージェンシーが2回ある。

その一つは、空中3万フィートで両エンジンがフレーム・アウトしたことだ。

小松基地第303飛行隊で、まだ私が1尉だった頃のことである。その日は、戦技競技会の事前訓練で雲一つない快晴の空だった。飛行していたその時、前方機の後流に入って、「コトン」と機体が振動したのは覚えている。突然、後席のCHUN（タックネーム）が、「マスター・コーション！」と緊迫した声で伝えた。これは、「マスター・コーション・ライト」が点灯したことで、何らかの異常事態が発生したことを意味する。

すぐにアナウンシエーター・パネル（故障内容を示すパネル）を見ると、「GEN OUT」（ジェネレーター・アウト、発電機故障の意味）が点灯している。それもよく見ると両方の「GEN OUT」が点灯して、両エンジンともに回転数が低下しているではないか。その時、後席のCHUNが「右エンジン回転数低下！」。間髪を入れず私が「おい！左も止まってしまったぞ！」と言うと、「……」CHUNは、絶句。

彼とは、TIGER&CHUNのタックネームで戦競2年連続優勝の名コンビであった。他機に追尾されている時、私の気が付くのが遅れ、後席で操縦桿をとっさに操作して撃墜を逃れたGIBだ。敵からは逃れたが、「オーバー・G」（機体のG制限を超えること）をしてしまったというエピソードもある。

さて、すかさず両エンジンのスロットルをカットして、緊急事態を宣言した。そして、滑空速度を維持するとともに機首を基地の方に向けた。高度計はどんどん降下を示している。滑空速度を維持しておけば、エンジンは風車のように風圧で回転する。エンジン再始動へのチャレンジには、エンジン内部に損傷を受けていないという条件が必要だ。エンジン内部に損傷を受けている状態で再始動を行うと、火災や空中爆発を起こす危険がある。この時は、幸いにもただフレームアウトしただけだから、エンジンには損傷を受けていないだろうと考えた。一定のエンジン回転数が確保できていれば最低限のコントロールと電源は確保できる。高度は十分あるのでこのまま滑空しても海面激突まであと2～3分くらいは飛行できるだろうと判断した。慌てる必要はない。エンジンの再始動を試みてダメな場合はベイルアウトすればいい、と妙に落ち着いていた。

しかし万一の時に備え、「火災、爆発に備え、ベイルアウトの準備をしておけ！」と後席に指示した。ファントムは、前席でイジェクション・ハンドルを引くと、後席、そして前席の順に射出される。また、後席で操作すると、後席のみが射出される。この時は、後席にイジェクション・ハンドルを先に引かせ、脱出させておいてから自分は脱出しようと考えていた。

「さあ、やるぞ！」と言って、緊急手順通りにまずは片方のエンジンから空中再始動を試みた。するとエンジンは見事に息を吹き返してくれた。この時の高度は1万フィートを切っていたように記憶している。片エンジンが使えればもう心配はいらない。エンジンが片方生きていれば何とか飛行場にたどり着くことはできる。ついでにもう片方のエンジンも再始動を試み、これも無事成功。

着陸後、エンジン、燃料系統、電気系統等を調べてみたが異常は見つからない。原因はよくわからなかったが、上空3万フィートという薄い空気の中で、前方機の後流に入って空気の乱れが生じ、フレームアウトしたのではないかという結論に至った。

もう一つの記憶は、夜間の離着陸訓練中に接地と同時に両車輪のタイヤがフラット（パンク）

したこと。

新田原基地第301飛行隊で私が飛行班長の頃のできごとである。

その日は、DJ（タックネーム）の前席夜間離着陸訓練で、私は教官として後席に搭乗していた。天気も良くて夜間飛行には申し分のない条件だ。ところが、通常の着陸進入を行い、接地したとたん、今まで経験したこともないようなものすごい振動に見舞われた。あまりの振動で計器の針も読み取れない。がたがた道を猛スピードで走っているような感じだった。一瞬、何が起きたのか判断できない。当然、前席にも何が起こったのかわからない。とりあえず、「まっすぐ行け！」と指示しながら、次の瞬間、フラット・タイヤだと判断した。片方だけのフラットだと左右どちらかに曲がってしまうが方向保持ができているので、多分両方のタイヤがフラットしたのではないか。

「車輪から火が出ている！」との指揮所からの助言が入る。多分車輪がロックしてホイールが回転していない状態で、その摩擦熱で発火しているのだと判断した。この火が、破損で漏れ出したブレーキ系統の油に燃え移ると大火災になる。バックミラーで後方を見ると、待機していた消防車が滑走路を走りながら、すぐ後ろについて来てくれている。彼らもさすがに消防のプロである。ドラッグシュートを開き、スピードを落として停止した。

しかし、ここでエンジンをカットすると、漏れた燃料が焼けたホイールに引火して二次火災を

着陸後の減速のためドラッグ・シュートを開くF-4EJ改（写真：Y.Takahashi）

起こす危険がある。エンジンをかけたまま滑走路上に停止し、脱出の用意をしながら消防車の消火準備を待つ。すかさず、消防車による迅速な消火剤散布で主脚付近の火も消えたので、ＤＪに「出るぞ！」と言って外に飛び出したが、ＤＪはなかなか出てこない。後から聞いたところ、地上での脱出手順通りすべてのスイッチをオフにしていたそうな。しかしこの時のケースでは、エンジンをカットするのと同時に火災になる恐れがあるので「手順もくそもないから早く出てこい！」と言った覚えがある。

この事故の原因は、着陸時に何らかの機械的な故障で車輪にブレーキがかかった状態になり、車輪が回転しないまま接地したために、タイヤがロックしてフラットしたのではないかとのことだった。これが両タイヤだからよかったものの、片方のタイヤだけだったら滑走路を逸脱していたかもしれない。

後からＤＪは、酒の席などで「さすが、タイガー、逃げ足は速い。部下を置いて先に逃げた」と、冗談とも本気ともつかない口調で笑いを取っていた。

緊急事態はいつ発生するかわからない。また、ベテラン、新米にかかわらず誰に起こるかもわからない。エマージェンシーに「想定外」はない。常に、最悪の事態に備え周到な準備の下で訓練に臨むことが大切だという教訓である。

バーティゴという悪魔の誘い
――錯覚がパイロットの命を奪う――

「真っすぐ飛んでいるのになぜか旋回している」

雲中、夜間などの視界不良の中を飛行するパイロットのほとんどだれもが経験するバーティゴ（空間識失調）という現象。航空事故でもなかなか原因を特定できないのがこのバーティゴによるものである。バーティゴが原因と思われる事故で私は過去に多くの仲間を失った。平成31年（２０１９年）４月９日に発生した三沢基地所属Ｆ‐35の墜落事故もこれが原因ではないかと推定されている。最新鋭機を操縦していても古典的な悪魔の誘いからは逃れられないのか。

星空と漁火が一緒になってどっちが上でどっちが下か分からない。自分はどうなっているのだろうか。計器をみても上と下がひっくり返っている。きっと計器の故障だろう。

「いや待てよ。なんか変だ」。

我に返る、もう一度計器を見る。そして計器を信じる。頭の中の平衡感覚はめちゃくちゃ。脂汗がでる。そこでふと外を見ると流れ星が見えた。「あっ！こっちが空だ」。初めて自分の感覚と計器の指示が一致する。こんな経験をしたのは私だけではないだろう。

これがいわゆる「バーティゴ」という現象である。パイロットが人間である以上、避けては通

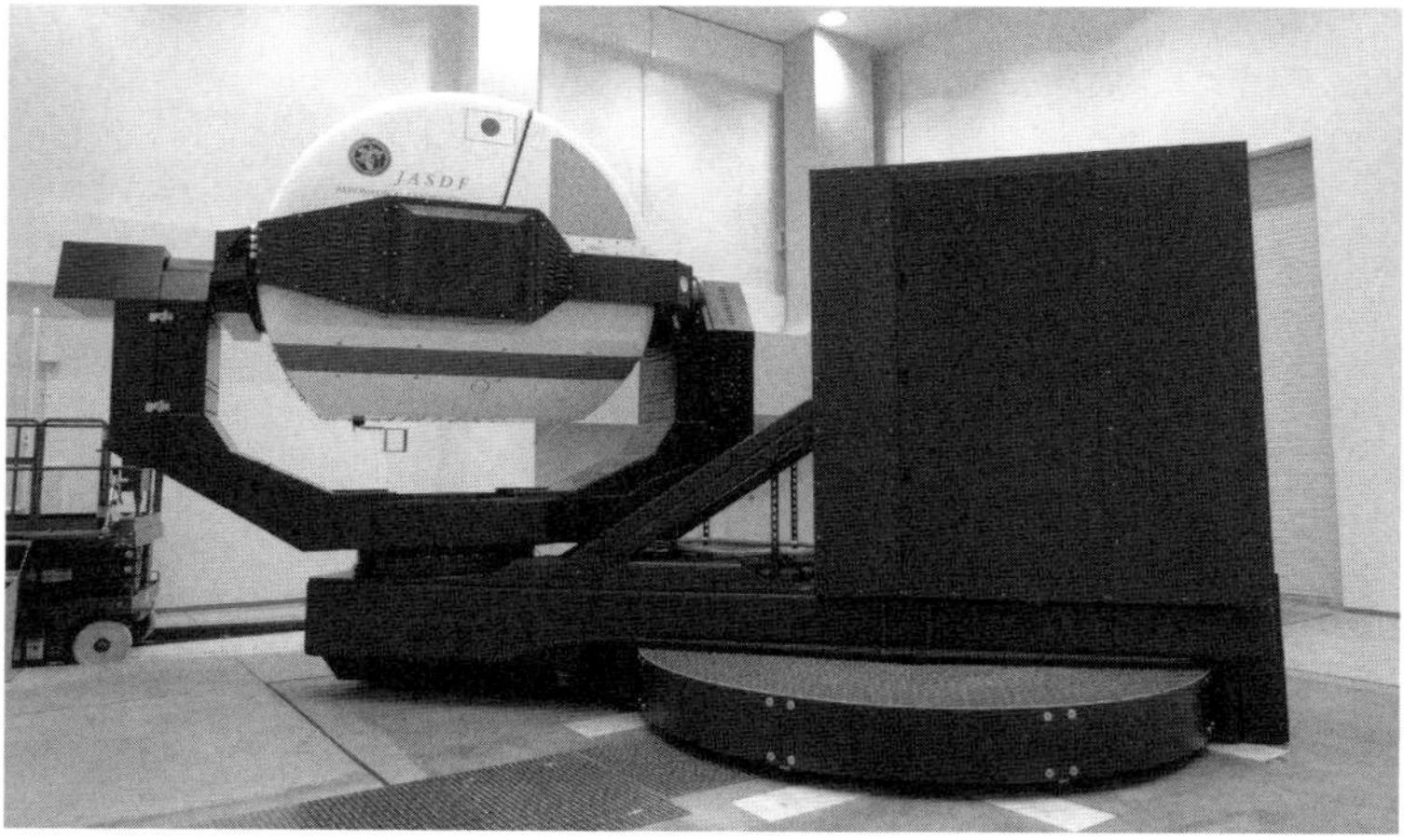

航空医学実験隊にあるバーティゴを体験し対処法を訓練する「空間識訓練装置」(写真:S.Akatsuka)

れない錯覚である。日本語では空間識失調といい、つまり、空間識を失う状態のことで、自分が、そして自分の機体の姿勢がどうなっているかわからない状態になることである。

人間の平衡感覚を司っているのは、耳の中にある耳石という砂のような物質と三半規管である。これはある程度の速さで姿勢が変わると、感知した傾きとか前後左右の感覚などを脳に教えてくれる。しかし、これがゆっくりした動きになると、その動きを感知しないことがある。例えば、旋回している時にゆっくりと水平直線飛行に戻しても、パイロットはいつまでも旋回している感覚から抜け出せないことがある。これを利用したのがテーマパークなどにある仮想体験アトラクションである。実際は動いていないのに、目の前のスクリーンと椅子のちょっとした動きに騙されて空を飛んでいるような錯覚に陥った経験のある読者もいると思う。あれも一種のバーティゴである。編隊飛行中の僚機がこの状態になったら編隊長はすぐわかる。なぜなら水平直線飛行しているのに、僚機はバタバタして安定したフォーメーションの位置を保持できなくなるのである。バーティゴに入っている僚機は、どうして編隊長はいつまでも旋回しているのだろうかと疑心暗鬼になる。そして、旋回のバンクが益々深くなるような錯覚に陥り、益々コントロールが難しくなる。そんな事態に陥っているのがわかったら、編隊長は一時的に逆方向に旋回してやることにより回復する場合がある。つまり、三半規管に刺激を与えてやるのである。

また、編隊長が雲中などで、あまりにスムーズなコントロールをすると僚機はバーティゴに陥りやすい。こんな時は、旋回開始の初動を僚機が認識できる程度にコントロールしてやるとバーティゴには入りにくい。つまり、飛行機が動くか動かない程度に「ピクッ」と操縦桿に刺激を与えるような感覚で旋回の初動を開始し、その後はゆっくりとスムーズにバンクを深めていくのである。これにより僚機の三半規管にも刺激を与え、旋回を認識させることができる。

しかし編隊長自らがバーティゴに入ると、これは自分で自分の感覚を取り戻すしかない。その時は、姿勢指示器等の計器を信用してバーティゴからの回復を待つか、後席の助けを借りる。幸いファントムは2人乗りだから後席に一時的にコントロールを持ってもらうことができる。その間、自分は別のところを見たりしていると回復する。前後席同時にバーティゴに入るようなことはないところがバーティゴの特徴でもある。

バーティゴを自分で認識できている場合は回復を待てばよいのだが、これを認識できていない場合もある。前述の星と漁火とを間違って海に突っ込むような現象である。これは自分の視覚が騙されて空間識を失った状態であり、一番危ない状態でもある。

人間が空中に浮いている限りこの現象から逃れることはできない。そのためにはまず、バーティゴを認識すること、認識したなら計器を信用することなのだ。初心者に限って計器よりも自分の感覚を信用しがちである。バーティゴという魔の手は初心者、ベテランを問わず襲ってくる。これから逃れるためには、計器を信用して自分の感覚と闘うしかない。ものすごく疲れる作業だ。パイロットはいつも自分との闘いの中にいる。

航空事故
――事故の連鎖を断ち切れるか――

私が地上勤務となり、航空幕僚監部で副監察官として勤務していた平成8年（1996年）～12年（2000年）の間に、10件の航空大事故が起こり18名の尊い仲間を失った。この時期、私は来る日も来る日も、事故の再発防止、安全監察、事故調査等、航空事故防止関連の仕事をしていた。そして、事故の連鎖を断ち切るため、航空自衛隊は組織を上げて血のにじむような努力をしてきた。ここで航空大事故と言うのは、一般的に航空機の大破または死亡を伴う事故を指す。一連の航空大事故の連鎖を断ち切るために努力した同胞、先輩方は既にリタイアしている。人が変われば組織も変わる。しかし、こと、安全文化の伝統だけは脈々と受け継がれている。

パイロットは飛ぶことが仕事だし、飛行業務に携わる隊員は、安全に飛ばせることが仕事である。それを日常の生活の中で、ごく当たり前にやっている。しかしながら、人間が空を飛ぶこと自体が「非日常の世界」である。神の摂理に逆らって空を飛ぶという「非日常の世界」が常態化し、「非日常」が「日常」になってしまって何も考えなくなってしまった時、そこに人間のおごりが生じ、事故の魔の手が忍び寄る隙が出来ると思わなければならない。

飛行にかかわる者は、この「非日常の世界」が常態化しないよう、謙虚にフライトに臨み、常に感性を磨き、不安全要素の発見、除去に努め、マンネリ化に陥らないようにしなければならない。過去に、「ラッキーだった!」、「あれは、あれ」と、謙虚さに欠け、強いリーダー・シップで部隊を統率しなかったばかりに、同じ部隊で連続した航空大事故を発生させた例もある。

ここでその10件の痛ましい事故を振り返ってみたい。詳しく述べるとこれだけで1冊の本が出来るくらいなので、ここでは概要のみを列挙する。

平成8年12月17日　3輸空（第3輸送航空隊：以下同）403飛行隊（C‐1）：模擬物量投下訓練中、貨物扉を開放した際、空中輸送員1名、機外に落下死亡。

平成9年7月4日　5空団（第5航空団：以下同）301飛行隊（F‐4EJ）：対戦闘機戦闘訓練中、急降下姿勢から回復できず操縦不能となり、操縦者2名脱出。機体は海没。

平成10年5月11日　83空（第83航空隊）302飛行隊（F‐4EJ）：対戦闘機戦闘訓練中、火災発生により操縦者2名脱出。機体は海没。

平成10年8月25日　3空団3飛行隊（F‐1）：夜間海上において、編隊離脱機動時に2機が墜落、操縦者2名死亡。機体は海没。

平成10年10月9日　3空団8飛行隊（F‐4EJ）：総隊総演での再機動中、通信が途絶。操縦者2名死亡。機体は海没。

平成11年8月15日　5空団301飛行隊（F‐4EJ）：対領空侵犯措置任務のため飛行中、1番機が行方不明、操縦者2名死亡。機体は海没。

平成11年11月22日　総司飛（航空総隊司令部支援飛行隊）（T‐33）：飛行中推力の急激な低下により河川敷に墜落、操縦者2名死亡。

平成12年3月22日　4空団21飛行隊（T‐2）‥
学生単独飛行訓練で帰投中、天候不良のため高度を下げた後に交信不能、機体は地上に墜落、操縦者1名死亡。
平成12年6月28日　3輸空403飛行隊（C‐1）‥
定期整備完了後の試験飛行中、レーダーから機影が消失、操縦者2名及び整備員等3名死亡。機体は海没。
平成12年7月4日　4空団11飛行隊（T‐4）
T‐4ブルーインパルス5番機、6番機が帰投中山腹に衝突、操縦者3名が死亡。

4年間に10件の航空大事故が発生した例は、航空自衛隊発足当初はともかく過去においても例がない。それらの事故において、志半ばで殉職したパイロットの顔が今でも浮かぶ。こうして事故を振り返ってみて、羅列することは簡単だが、この一つ一つに大きな教訓が残されており、またそれぞれの人間ドラマが秘められている。これらの事故の教訓を風化させることなく、同種事故の再発防止に努めるのが残された者の使命と考える。

これらの教訓の中で、当時を振り返り、特に感じたことは、①各級指揮官は、親身になって部下隊員の面倒を見、自己の権限と責任においてしっかりと部隊を統率すること。②各自は自分を大切に、しっかりと自分の持ち場を守ること。そして、③「あの時、ああすれば良かった…」の轍を踏まないためにも、防げる事故の絶無を図らなければならない、ということであった。

パイロットと安全

―安全の幻想―

「走っているものはぶつかる」、「浮かんでいるものは沈む」、「飛んでいるものは落ちる」、これは自然の摂理である。それでは、「ぶつからせない、沈ませない、落とさない」方法はあるのだろうか。この方法を見つける事、あるいは見つける努力をすることをリスクマネージメントとしてとらえることができる。私は、これを身をもって体験してきた。

現役時代、私は「前向きの失敗」と「後ろ向きの失敗」があると感じていた。「前向きの失敗」とは、十分な準備の下、組織の目的達成のために一生懸命やったうえでの失敗である。また、「後ろ向きの失敗」とは、これと反対に、準備もせず思いつくままいい加減にやった結果での失敗、自分の不注意により招いた事故等である。

「前向きの失敗」は、組織を上げてフォローし、その責任を個人に負わせるべきではないものだ。しかし、「後ろ向きの失敗」は、個人の責任をも含めて許されるべきものではない。「前向きの失敗」、すなわちこの許容されるべきリスクをリスクとしてとらえることのできない指揮官は、軍組織における指揮官としては失格である。リスクを恐れてひたすら平穏無事を祈っていては、それはあくまで安全に対する願望、幻想を抱いているだけだ。

数秒の過誤が死を招き、危険が常態となっている中で過酷な訓練に黙々と耐えている部下たちに、「危ないことはやめて水平直線飛行をしておけ！」という指揮官がいるだろうか。少なくとも我々の組織にはいない。だからこそ、彼らが不幸にも失敗（前向きの失敗）をしたときは、これを克服すべきリスクとしてとらえようとする組織文化が必要である。

安全の追求とリスクの局限、これは我々パイロットたちの永遠の課題である。軍の組織にあっては、任務とリスクを天秤にかけ、どちらを優先するかを考え、またリスクをリスクとしてとらえる組織文化が必要である。水平直線飛行しかできないファイター・パイロットを育てないためにも――。

さて、たとえば上司が部下に指示を出すとき、それで全員に徹底させたものと勘違いすることがある。必ずそこには「そんなこと聞いてない！」と言う者がいる。あるいは聞いていても理解していない者がいる。私はこれを「5％のアウトサイダー」と呼んでいた。過去の経験や自分の若かりし頃のことを振り返ってみても、全体の5％前後（時には10％、いや20％）に、この「聞いていない！」という者がいたように思う。

人間は自分に都合の良いこと、興味のあることには耳を傾け、そうでない事には耳を閉ざしてしまうものだ。そしてこの5％のアウトサイダーに限って、つまらないミスをする。管理監督者はこの5％のアウトサイダーを見つけることと、5％を0％に近づける努力を惜しんではならないのだ。

事故をリスクとしてとらえる場合においても、絶対起こしてはならない事故は、①組織活動の欠陥に起因する事故　②規律違反による事故　③過去の同種原因による事故、である。これらはいずれも「人」にかかわるものであり、一般的にヒューマンファクターによる事故原因として分類される。過去に発生した航空事故の原因を調べてみると約80％前後がこのヒューマンファクターによるものであった。後の20％は、機材の欠陥であったり天象気象条件であったりする。「あの時こうしておけばよかった…。」と悔いを残す事故ほど後味の悪いものはない。もちろんリスクをむやみに容認しようとするわけではない。あくまでも、任務を遂行するためにはリスクが伴うがゆえに、そのリスクが現実化した場合には、またこれを認める組織文化も必要だということが言いたいのだ。

部隊葬で小さな子供が「パパはどこに行ったの？」と正面にある遺影を見ながら母親に聞いている光景ほど心が痛むことはない。「パパはね、お仕事で遠いお空に行ったの……」「いつおうちに帰ってくるの？」という親子の会話だけは二度と聞きたくない。

入間T‐33事故

―人家を避けろ！　脱出可能高度を過ぎても―

前述の10件の事故のうち、私にとっていろいろな意味で忘れられないのが平成11年（1999年）11月22日に発生したT‐33の事故である。私の同期で親友でもあった門屋義廣1佐（殉職二階級特進、享年48才）が、入間基地への着陸進入中に遭遇した事故だった。この時、前席は同じ航空学生の後輩、中川尋史将補（殉職　二階級特進、享年47才）で、門屋1佐は教官として後席に乗っていた。門屋1佐は当時の航空総隊司令部支援飛行隊所属で、年次飛行（司令部幕僚等で部隊を離れると定期的に実施する技量回復訓練）に来た中川将補の技量回復訓練をしていた。

中川将補は航空学生28期で飛行隊長も経験した飛行時間約5200時間のベテランで、高級幹部の登竜門と言われる指揮幕僚課程を修了した優秀なパイロットだった。私と同期の門屋1佐も、航空学生25期でトップガンの称号を与えられた飛行時間約6500時間の超ベテラン。いずれも常に冷静沈着な性格で非の打ちどころのない戦闘機パイロットだった。

それだけの技量のある2人のパイロットに、何があったのか？

ここで、当時の交信記録を振り返ってみよう。細部不正確なところもあるかもしれないが、当時の緊迫した状態を感じ取ってほしい。これは、国会答弁で使われた資料でもあり、通常パイロットは地上の管制官と英語で交信するが、ここではわかりやすく日本語に訳して記述する。

13時02分：年次飛行のため入間基地を離陸。

13時11分：入間基地北方の訓練空域において訓練開始。

13時32分：訓練を終了し、帰投を開始。

13時36分27秒：入間管制塔と通信設定。

13時38分39秒：「マイナートラブル」の発生を通報。（飛行場から約15マイル、高度約2500フィート）

13時39分02秒：事故機の異常状況について、振動、異音及びオイル臭を通報。（飛行場から約14マイル、高度約2300フィート）

13時39分49秒：管制塔からの異常状態の照会に対し、「コクピットスモーク」（コクピット内に煙）と応答。（飛行場から約11マイル、高度約2500フィート）

13時40分14秒：「エマージェンシー」を宣言。（飛行場から約10マイル、高度約2200フィート）

13時41分14秒：管制塔からの緊急事態の理由の照会に対し、「コクピットスモーク」と応答。（飛行場から約5マイル、高度約2500フィート）

航空総隊司令部支援飛行隊所属のT-33

13時42分03秒：管制塔の着陸許可に対し、脚下げを確認した旨応答。（飛行場から約3マイル、高度約1200フィート）

13時42分14秒：「**ベイルアウト**」を通報。このころ事故機は急激に高度が低下。（飛行場から約2・4マイル、**高度約1000フィート**）

13時42分27秒：再度「**ベイルアウト**」を通報。（飛行場から約1・9マイル、高度約700フィート）

（13時42分34秒頃）：後席操縦者は、事故機が送電線最上部のグランドワイヤー（接地線。対地高度約200フィート）に接触する直前、キャノピーを機体から離脱させた後、射出座席により緊急脱出。**（高度約350フィート）**

（13時42分36秒頃）：前席操縦者は、事故機がグランドワイヤーに接触した直後、射出座席により緊急脱出。（高度約350フィート）

13時42分36・6秒：事故機は、グランドワイヤー下方の送電線を切断し、その後、当該送電線から約90メートル離れた位置に墜落炎上。（入間河川敷内：飛行場から約1・6マイル）

（注）① 1マイルは約1・85キロメートル。1フィートは約30・5センチメートル
② 高度は計器高度である。

これが、当該パイロットが死の直前に発した生の交信記録の要約である。これは何を物語っているか。特に、最初に「ベイルアウト」とコールした13時42分14秒から、2回目に「ベイルアウト」をコールした13時42分27秒の13秒の間にパイロットは何を考えたか。最初にベイルアウトをコールした時に脱出していれば、この時はまだ約1000フィートの高度があったので助かったはずである。また、2回目のベイルアウトのコールの時も700フィートの高度があった。この時にベイルアウトしていればまだ助かったかも知れない。しかし、その後も350フィートまで脱出をためらっている。そのまま飛べば入間川を横切り、民家密集地や学校の上空を飛行することとなる。しかし、エンジンが停止している状態で飛行場にたどり着くだけの高度も速度もない。

結果どうなったか。2人のパイロットは最終的に脱出を試みたが、パラシュートはどちらも半開きのまま、座席シートとともに河川敷に打ちつけられ、2人とも帰らぬ人となった。操縦する者を失った機体はパイロットの意思を受け継ぎ、民家をそれて入間川の河川敷に墜落した。当然、地上への被害もなかった。

そして平成11年11月23日付朝日新聞の1面トップ記事は、「空自機墜落で高圧線切断」、「東京・埼玉80万戸停電」、「交通・ATM乱れる」、「2乗員死亡」とセンセーショナルに報道した。事故直後であり、原因などの状況もわからない中での報道であるからやむを得ないとはいえ、パイロットが命を懸けて取った行動についてはその後も報道されることはなかった。この脱出13秒の遅れは、何を意味するのか？

後に県立狭山ヶ丘高校の当時の小川義男校長が学校通信「藤棚」に寄稿した一文がその当時の様子を如実に物語っており、私たち自衛隊パイロットの胸の内を見事に代弁しておられるのでここで一部を抜粋、紹介しておきたい。

（前文あり、中略）

「実は、あの墜落現場である入間川の河川敷は、その近くに家屋や学校が密集している場所なのです。柏原の高級住宅地は手を伸ばせば届くような近距離ですし、柏原小、中学校、西部文理高等学校もすぐそばです。あと百メートル上空で脱出すれば、彼らは確実に助かったでしょうが、その場合残された機体が民家や学校に激突する危険がありました。彼らは助からないことを覚悟した上で、高圧線にぶつかるような超低空で河川敷に接近してしまった。そうして、他人に被害が及ばないことが確実になった段階で、万一の可能性に賭けて脱出装置を作動させたのです。死の瞬間、彼らの脳裏をよぎったものは、家族の顔でしょうか。それとも民家や学校を巻添えずに済んだという安堵感でしょうか。」

（中略）

「しかし、新聞は、この将校たちの崇高な精神に対して、一言半句の誉め言葉も発しておりません。彼らは、ただもう自衛隊が「また事故を起こした。」と騒ぎ立てるばかりなのです。防衛庁長官の言動も我慢がなりません。彼は、事故を陳謝することのみに終始していました。その言葉には、死者に対するいたわりの心が少しもありません。

防衛庁の責任者が陳謝することは、それは当然です。国民に対してばかりか、大切な隊員の命をも失ったのですから。しかし、陳謝の折に、大臣はせめて一言「……以上申し訳ないが、隊員が、国民の生命財産を守るため、自らの命を犠牲にしたことは分ってやって頂きたい。自衛隊に反発を抱かれる方もあるかも知れないが、私にとり彼らはかわいい部下なので、このことを付け加えさせてもらいたい…」くらいのことが言えなかったのでしょうか。

隊員は命を捨てて国民を守っているのに、自らの政治生命ばかり大切にする最近の政治家の精神的貧しさが、ここには集中的に表れています。まことに残念なことであると思います。このような政治家、マスメディアが、人間の矮小化をさらに加速し、英雄なき国家、エゴイストのひしめく国家を作り出しているのです。人は、他人のために尽くすときに最大の生きがいを感ずる生き物です。他人のために生きることは、各人にとり、自己実現に他ならないのです。国家や社会に取り、有用な人物になるために皆さんは学んでいます。そのような人材を育てたいと思うからこそ、私も全力を尽くしているのです。受験勉強で、精神的に参ることもあるでしょうが、これは自分のためにだけではなく、公（おおやけ）のためである、そう思った時、また新しいエネルギーがわいてくるのではないでしょうか。」

（後略）

まさに、その通りだと私は思う。このような先生の下で学んだ生徒は幸せだと思う。きっと、その生徒たちは、今頃は素晴らしい大人に成長していることだろう。

話を元に戻そう。事故原因は、燃料系統のパイプが劣化して亀裂が入り、燃料が高温のエンジンに触れ、煙が発生すると同時に燃料パイプが破損し、燃料供給が絶たれたためフレームアウトを引き起こしたとされた。ベイルアウトが遅れたのは、彼らが民家、学校等への被害を避けるために、そのタイミングを失したものとされた。そのため、殉職後は、通常の航空事故では与えられない2階級特進という栄誉を与えられた。実は、最初に「ベイルアウト」を宣言した時、2人の眼下には、狭山ニュータウンの住宅街が広がっていたのであろう。彼らは死の危険を承知しながらも、地上に被害を及ぼさないよう、エンジンの停止した失速直前の機体を何とかコントロールし、人家のない入間川の河川敷に機体を持って行こうと旋回を試みたため、さらなる高度をロ

ス し脱出のタイミングを失したという結果になったのである。小川校長は、この事実を看破していた。

人は、生死を分ける極限の立場に立たされた時、自己の生命を犠牲にして他人を守ることが出来るだろうか。たとえそれが与えられた使命であるとしても……。

これは、自分の命を犠牲にして国民の生命と財産を守った戦闘機パイロット達の実話である。

この話は、11月22日の命日になると、ＳＮＳ等にも投稿され、今でも関係者の間で語り継がれている。

第8章

ファントムと愉快な仲間たち

ファントム・ライダー気質とは

――勇猛果敢支離滅裂――

飛行隊の雰囲気は面白いもので機種によって変わってくる。「ハチロク」にはF‐86の雰囲気が、「マルヨン」にはF‐104の雰囲気が、「イーグル」にはF‐15の雰囲気が――。

そして、ファントム飛行隊には他機種の飛行隊にはない独特の雰囲気があった。それは何かと問われても一言では表現しにくいが、「がさつ」、「朗らか」、「仲がいい」、「愉快」、「いい加減」、「よく遊ぶ」、さらに「勇猛果敢支離滅裂」等々、色々な感じ方があるらしい。

シングル・シート（単座）とデュアル・シート（複座）の違いかもしれないが、ファントム飛行隊はとにかく愉快で明るい。飛行隊でのコミュニケーションを大切にする。前席と後席でお互い力を合わせて持てる戦力を最大限に発揮するためには、相互のコミュニケーションが必要だからだと思う。それが飛行隊全体に波及していたのだろう。

普通の企業なら、同じ仕事をしている同僚であっても、気の食わない奴とはほとんど口をきかずに過ごす日もあるだろう。しかしパイロットが狭いコクピットの中で、お互い黙っていたのではファントムは飛ばない。コミュニケーションなしには始まらない仕事なのである。しかもフライト・スケジュールでは一緒に飛ぶ相手が毎日変わる。上下関係もはっきりしている。「1期先輩は神様」、「2期先輩はお友達」と、なにやらわからないような上下関係もある。

フライト以外の場では、古参の先輩も若い後輩と一緒になってバカをやっている。後輩に連れられて合コンに行く先輩もいる。時々、飛行中も暇なときは前後席でしりとりなどをやっている。負けた者は週末のスナックでおごらなければならない。しかし後輩が負けても先輩は若い後輩におごってもらうわけにもいかないので、若い後輩はどっちに転んでも儲けものである。

さて新田原基地第301飛行隊の飛行班長をしているころ、夜間飛行のブリーフィングをしていたら、奥の部屋から「ピ～・ヒャララ～♪ピ～・ヒャララ～♪」と笛の音が聞こえてくるではないか。俺がブリーフィングをしているのになんて奴らだ！と覗いてみたら、飛行服の上に赤い褌《ふんどし》をしめて5、6名の若手パイロット達が、日向の踊り「ひょっとこ」を踊っていた。「何やってるんだ?」と聞いたら、「班長が町のお祭りでなんかやれと言ったのでこれを練習しています」と言うではないか。「何も褌までしめなくてもいいだろう?」と思ったが、「班長、これをしめて褌の前の布がぶらぶらしないと腰の動きがつかめません!」という。勤務中にかくし芸の練習をするとは大したもんだ、上司の意図をよく理解している、さすがファントム・ライダーだと感心したものだった。後日、私もこの一団に加わったのは言うまでもない。

その日の夜間飛行訓練は、笛の音に見送られながら始まった。しかし、上空であの赤い褌がちらついて、ミッションに集中できなかった。

ファントム・ライダーと宴会芸

――芸は本当に身を助けるのか?――

「芸は身を助く」と昔から言われているが、ファントム飛行隊も例外ではない。第301飛行隊は、創設以来、初めてファントムに乗るパイロットの教育を行っている部隊だ。入ってくる機種転換課程学生は、宴会芸が出来なければファントム・ライダーの資格はない、とまで言われる「厳しい」世界であった。新しいコースの学生が入ると必ずパイロット全員で歓迎大宴会をやる。パイロットだけでも総勢60名以上になる。そこで学生に何らかの芸を要求する。芸達者なやつ、そうでないやつ、とそれぞれいるが、そんなことはお構いなし。必ず、「何かやれ!」である。

面白いもので、芸達者なやつは、フライトの技量の伸びもいい。半面、中途半端な芸しかできないやつは、フライトの成績も総じて良くない傾向にある。これには何か因果関係があるのではないかと、ある日ふと考えた。私の思い至った結論は、宴会芸ができるやつは、場の空気が読める、自分の我はひとまず置いておいて、ある意味でバカになれる、芸のメニューをしっかり考えて計画して練習することができるやつだ――というものであった。つまり先輩から言われたミッション(?)ならば、好むと好まざるとにかかわらず完遂する能力の持ち主である、と。

飛行教育は、一種の徒弟制度の世界である。職人が、師匠の技を盗みながら、自分の技を磨く過程によく似ている。まずは師匠の言うこと、することをしっかり守ることのできる者ほど技能を早く習得できると言われている。飛行教育でも全く同じことが言える。操縦は、先輩が苦労して汗と涙を流しながら会得した技を盗むことから始まる。その時、できもしないのに、「俺は、こっちのやり方でやる」と言うやつの技量は伸びない。自我が強すぎて教官の言うことをそのまま受け入れられないのである。飛行教育は、理論も大切だが、最終的にはカンとコツの世界なのである。

宴会芸からまじめな話になってしまったが、つまり、言われたことが素直にできる柔軟な思考の持ち主に宴会芸ができ、また飛行技術も早く体得する者が多いという結論に至った。また、宴会芸が出来るやつは、今度は自分に部下ができた時、部下の気持ちを汲みとることができるし、そのまま部下の中に溶け込んでいくことの出来る上司になっていることが多いのだ。

ある時、生きた金魚を飲み込んで、その飲み込んだ金魚をまた出す、という技を披露するという若手パイロットがいた。初めての宴会芸デビューでこれをやったが、飲み込んだ金魚がなかなか出てこない。本人は、顔を真っ赤にして、飲み込んだ金魚を出そうとしている。見ている連中もいつ出てくるかと期待している。しかし、その日の宴会では飲み込んだ金魚はついに出てこなかった。本人曰く、「今日は体の調子が悪いので、次はきっと頑張ります!」。そして、次の宴会、また同じ芸を披露する。飛行隊の連中は、今度はやるだろうな、と期待する。しかし、飲み込んだ金魚は最後まで出てこなかった。

そこで、彼の同期生に聞いてみた。「あいつは今まで成功したことはあるのか」と。そうしたら同期生曰く、「今まで成功した試しがない」とのこと。つまりいつも金魚は飲み込んでしまうわけで、金魚なんか食べて体は大丈夫なのかと誰もが思う。この宴会芸にはさすがにみんなだまされた。後日談だが、知り合いの業者に聞いたところ、食べることの出来る金魚はないかと買いにきたパイロットがいたらしい。本気だったのか、自信がなかったのか——。

そのほかにもまだまだ宴会芸の話題は尽きない。バラ族と称して股間にバラの花を挟んでそのトゲが局所に刺さり大騒ぎしたやつ。オナラは燃えるかと言う実験をして力みすぎて中身まで出してしまったやつ。女体盛りならず男体盛りと称して真っ裸の太ももの間にアルミホイールをして生モズクと一緒に刺身を盛ったやつ。むろん誰も箸をつけなかったが。この時は、仲間よりも料亭の仲居さんの方が喜んでいた。騒ぎ過ぎて老舗料亭の九谷焼の花瓶を割ってしまい、数十万円の弁償を要求されたこともあった。この時はえらく高い宴会代になってしまった。まだまだあるぞ。街の中で酔っ払いに絡まれたと勘違いして警ら中の私服警官を殴ってその夜は警察にお泊りしたやつ。夜中に線路を枕に寝ていて、なんかおかしいと目が覚めたら列車のライトが迫ってきて危うく轢死しそうになったやつ。宴会の終わった温泉宿で男湯と女湯とを間違えて入り、一瞬目の保養になったものの後で上司が宿の主人に平謝りする羽目になる、という事件を起こしたやつ。きりがないが、当の本人たちが今では立派な自衛官として要職にあるため、このくらいにしておこう。

ことほど左様に、宴会芸を超えた酔っ払いの御乱交話には枚挙にいとまがない。普段の緊張の糸が一旦切れてしまうと、とどまるところを知らないのがファントム・ライダーの世界なのである。もちろんオンとオフのけじめだけはしっかりつけていた、と最後に付け加えておこう。

新婚家庭を夜間強襲せよ！
――洗礼！　他人の家族もわが家族――

ファントム飛行隊時代は、いつも週末は仲間とその家族と一緒に遊んでいた。週末は、どこかの官舎で大宴会。場所を提供するのは、たいてい飛行班長か飛行隊長の官舎だった。私も飛行班長時代はまだ家族と一緒だったので、毎週とはいかないがこれをやっていた。そして第306飛行隊長時代は単身赴任だったから、わが家は毎週末、スナック「タイガー」（「タイガー」は私のタック・ネーム）に変身した。冷蔵庫にはいつもビールが詰め込まれていた。つまみは、それぞれが持ち寄る（材料費500円以下の決まりあり）。おかげで私は週末の晩飯は作らずに済んだ。それぞれの家庭の子供たちが寝静まった頃、奥様方も参加してのスナック「タイガー」が始まる。ホステスは、若い奥様方（?・）。時々WAF（女性自衛官）とその彼氏も加わる。なぜか私の知らない連中が入り混じっていることもあった。それが夜中まで続く。いつの間にか酔いつぶれて、朝起きてみると私のベッドで後輩が寝ており、私はこたつで寝ていたりする。

そんなある日の官舎宴会。酔っぱらった勢いで独身のW3尉がパンツ一丁で裸踊りを始めた。先輩のY1尉曰く、「おい、その勢いでそのまま、このバラの花を新婚のS1尉の美人奥様に届けてこい！　ただし、行ったという証拠の品を貰ってこいよ！」と、これも酔った勢いで命令した。先輩の命令は神の声、その後輩はそのままのパンツ一丁で隣の建物に走って行った。実はいくら酔っぱらっていても、そのままの姿で行くとは誰も思わなかった。季節は真冬の北陸の夜、雪がちらついていた。そして、彼は帰ってきた。花柄のエプロンを身に付けて。その奥さんも誰かが「ピンポン」と押すので出てみたら頭は雪で真っ白、下はパンツ一丁の男がそこに。思わずつけていたエプロンを渡したそうな。

また、別のある日のお話。飛行隊は宴会を終えると、ほとんど全員で行きつけのスナックに繰り出す。そこは、昼間は喫茶店、夜はスナックで飛行隊の常連が集まるDという店だった。その日は新婚旅行から帰ったばかりのT2尉も殊勝に参加していた。新婚旅行帰りということで、彼はみんなの忠告を受けて早々に帰宅した。しかし実はそこには魂胆があった。早く帰して、寝入りばなを攻撃しようという作戦である。２次会もほぼ終わりかけ、店じまいの時間になった頃、いつもの編隊長Ｎ２尉が攻撃部隊を編成し始めた。ある者は、お米、ある者はお酒、ある者はつまみをと、その日の作戦計画に従いそれぞれの任務を付与して、輸送手段はタクシーに分乗、第１波から第３波までの夜間強襲部隊を編成。今夜は、「同時異方向から攻撃する。目標はＮ官舎のＴ２尉宅」と指示を出した。官舎に到着した酔っ払い第１波は、まずは正攻法で正面玄関を攻撃。第２波は、ベランダからよじ登り窓から攻撃。

正面玄関からの攻撃は敵のガードが固くて第１波攻撃失敗。しかしこれは陽動作戦だった。敵を玄関におびき出している隙に、窓からの第２波編隊は見事侵入成功。こうなったら後の祭り。新婚家庭は、酔っ払い連中の巣窟と化してしまった。

その騒ぎの前、２人は既にベッドに入っていたらしく、旦那は起きてきたが新妻は寝室から出てこない。酔っぱらい連中は、そんなことお構いなしに、腹が減ったからと勝手に台所に入り、飯を炊くやら味噌汁をつくるやらの大騒ぎ。長老連中は、堂々と酒盛りを始めている。そうこうしているうちに第３波の攻撃部隊が到着し、新婚官舎は20名以上の酔っ払いに占拠されてしまった。当のＴ２尉も昔は同じことをしていた関係上、抗議もできずにお手上げ状態。寝室に閉じこもっている新妻を心配しつつ顔がひきつっている。

しかし、そこは新婚と言えども戦闘機パイロットの妻。「新妻だと思ってナメんなよっ！」とばかりの迫力で、バッチリのフルメイクとミニスカートで寝室から現れ出でたではないか。それを見て酔っ払い連中は拍手喝采。旦那様は酔いが覚めてタジタジ状態。その新妻は、見事に侵攻部隊を迎え撃ち、中には返り討ちにあった長老もいた。こうしてその新妻は、先輩パイロット達の洗礼を受け、めでたく飛行隊ファミリーの一員として認められた。

後日談だが、その夜、冷蔵庫の中は酔っ払いに食いつぶされ、翌日の朝は新妻がせっかく準備した食べ物がなく、朝飯は抜きだったとのこと。新婚家庭は時としてこの洗礼を受け、こうして官舎の奥様もみんなの仲間に入っていく。ファントム飛行隊は、仕事も遊びもみんなでやれば怖くない、の世界であった。

夫を支える妻たちの官舎生活
――階級社会は妻たちにも波及する――

パイロットの妻はなぜか美人が多い。そしてファントム飛行隊は、男同士も仲がいいが妻たちのつながりも強固であった。妻帯者がその奥様に内緒で婚活パーティーなどに行こうものなら、翌日には官舎中に広まっている。大体が、同じような年代で、子育て真っ最中の女性たちである。特に、働きに出ている者もほとんどなく、家庭を守りながら旦那の無事を願いつつ、日々生活している。

奥様方の話の前に、飛行隊の階級構成について触れておこう。まず、飛行隊長は2等空佐、飛行班長は3等空佐、総括（総務、飛行管理、救命装備）班長も3等空佐、フライト・コマンダーも3等空佐または1等空尉（パイロットを各任務別に3〜4個班に分け「フライト」と称していた）、整備小隊長は1等空尉、これらの階級が普通の構成である。そのほか、パイロットのナンバー3の訓練幹部も3等空佐だった。飛行隊は総勢150人程の部隊だった。ファントムは2人乗りだからパイロットだけでも70名近く居る。妻帯者は基本的に官舎住まい、独身者は基地内のBOQ（幹部独身寮）とか民間アパートに住んでいた。官舎も1か所か2か所しかないから、飛行隊のパイロットのほとんどが鉄筋4、5階建ての建物の上下の長屋住まいみたいなものであった。

そこには当然、それぞれの家庭の毎日の生活がある。ほとんどの妻が専業主婦で家にいるから、必然的にいつも顔を合わせることとなる。ここに色々と人間関係のややこしさが生まれるのである。若い奥さんの中には官舎に入りたくないという人もいる。これは、民間なら社宅に入るのと同じで、居心地の良さと居心地の悪さが同居しているからだ。自衛隊の官舎の場合も、旦那様はみんな同じ職場で階級があり、そこにはおのずと序列が生じる。すると奥様方の中にも階級意識の強い人がいて、パイロットの妻はどうあるべきかとか諭してみたり、官舎の行事などで、みんなを仕切る奥様が出てくる。そういうところに若い奥さんたちがついて行けないと感じることもあったのだろう。

でも、そういう「うるさ型」の奥さんが、部隊葬などのみんなで協力しなければいけない場面に遭遇した時、素晴らしいリーダーシップを発揮したりすることもままあったので、わからないものである。

ま、ともあれファントム飛行隊については、奥様方の官舎生活も編隊を組みながらのワン・チームだった。そして、官舎妻は今日も主人の飛行の安全と無事の帰りを待っている。

第9章

あこがれの飛行隊長

飛行隊長は何事も率先垂範
――究極の最前線指揮官――

飛行隊長は、パイロットであると同時に管理監督者でもある。ひとつのファントムの飛行隊は、パイロットと整備員等を併せて150名ほどの所帯であった。パイロットの管理監督と同時に整備小隊長を通じて整備員達の管理監督もしなければならない。そして部下よりも飛行技量が劣っていたのでは誰もついてこない。理想的な飛行隊長は、飛行隊トップクラスの技量を持つと同時に、プレーイング・マネージャーとして、上空では部下を率いて戦闘できる指揮能力を持たなければならないのだ。

ファントム飛行隊には、パイロットだけでも多いときは、下は20歳代前半から上は40歳代前半まで70名近くいた。整備部門はベテランの整備小隊長に任せるとしても、一緒に飛ぶパイロットに関しては、飛行教育から訓練の中身まで、しっかりと把握しておかなければならない。そして一朝有事にあっては、まっ先に部下を率いて敵機と対峙しなければならない。常に部下の命とその家族の生活を双肩に担いながら仕事をしていると言っても過言ではない。

さて場面は変わるが、飛行隊の一日は朝の駆け足から始まる。準備運動をした後、2~3キロをパイロット全員で走る。その間、整備員はファントムを格納庫から引っ張り出し、飛行前点検を始めている。隊列を組んで走る場合もあるが、普通は、「よ〜いドン！」で競争する。ここでも戦闘機パイロットの負けず魂が発揮される。20歳代から40歳代までが一緒に走るのだが、中には駆け足の苦手な者もいる。「全員でやるとなったら、全員でやる！」というのがファントム・ライダーの約束事だから飛行隊長も例外ではない。40歳を過ぎて20歳以上も年の差のある若者と競わなければならない。ここで私は考えた。「よし、出だしだけでもトップを取ってやろう！」と。私も駆け足は苦手ではなかったので、最初はトップを切ることができた。しかし、500メートルを過ぎるとアフターバーナーの火は消えかける。その一生懸命走っている姿を見て、若手パイロットは、私が音を上げるまではトップの座を譲ってくれていた。率先垂範、見栄をはるのも愛嬌である。

普通の組織と業務であれば、自分が直接手を下さなくても、また部下の仕事の細部まで出来なくとも管理監督者は務まる。

しかし飛行隊長は、自ら部下をしのぐ飛行技術を持つと同時に空中でも地上でも部下の管理をしなければならない。ここに飛行隊長の特異性があり、誰でもがなれるポジションではない。〝腕〟と部下の管理能力の両方を兼ね備えていなければならないのだ。自分の技量が未熟では部下には強いことは言えない。例えば、サッカーで下手なプレイング・マネージャーがチームを指導してもゲームができないのと同じである。飛行隊長は、例えれば群れのボス猿みたいなもので、群れに近づく外敵を追い払う強さと、仲間に慕われるやさしさと統率力が求められる。

私が初めて小松の第３０６飛行隊に隊長として赴任し、着任式で居並ぶ部下を前にした時、その責任の重さをひしひしと感じたものだった。そして、格納庫の中を見るとファントムがびっしりと並んでいる。一機数十億円のこれらのファントムと隊員の安全を今日から預かるのかと思うと、何とも言えない重圧と感慨が込み上げた。

私は飛行技術に関しては誰にも負けないという自信を持っていたが、部下の管理に関しては新米指揮官そのものだった。今でこそ、マネージメント講習などで部下管理のノウハウを教えてくれるが、当時そのようなものはなく、それは自分で体得するものだった。パイロットとして育った空自自衛官は、通常、指揮官になるのは2佐の階級で、飛行隊長が初めての指揮官経験となる場合が多い。他の職域では、3尉で少人数の小隊長を経験しながら階級が上がるにつれて大人数の指揮官を務めるのが普通である。しかし飛行隊長の場合は、2佐でいっぺんに１５０名近くの部下を任されることになる。

ここに飛行隊長の仕事の難しさがある。適格性のない飛行隊長が任命された場合、自分の飛行技術を磨くのに精いっぱいで、部下の管理監督がおろそかになることもある。また、隊長よりも飛行技術が優っている部下は、隊長の言うことを素直に聞けないこともあるし、隊長も言うこと

平成8年（1996年）、創設15周年を迎えた第306飛行隊の記念写真。同年度内にF-15への更新が行われることになっていたため、“Last Phantom”の特別塗装を施されたファントムが並んだ（巻頭カラー参照）

を遠慮しがちとなる場合がある。そういう構造の中に事故の発生する要因が潜んでいる。飛行安全確保の原点は、飛行隊長の人選から始まるといっても過言ではない。

過去、上級指揮官への一過程として、幹部序列の高いパイロットを飛行隊長に任命した時期があった。自衛隊はまだまだ学歴社会で、航空学生の場合、1佐になるのは同期入隊で5％程度である。いわゆるエリートと呼ばれるグループは防衛大学校出身者で占められており、このエリート集団の中から、適格性という観点よりは本人の将来への一つの「ステップ」として、飛行隊長を経験させることがあった。そしてやはり、この時代は起こさなくてもよい事故が起きていた。これは、過去の飛行安全監察でも指摘されたことである。

飛行隊長は、パイロットの誰もが憧れる地位ではあるが、マネージメント能力と優れた操縦技量を兼ね備えた者だけに許されるポジションなのである。

安全を極める感性を研ぎ澄ます
――部下の掌握と飛行指揮――

どんな仕事でも同じだと思うが、ある一つの仕事に全身全霊で打ち込んでいると、その仕事に関する感性がおのずと磨かれてくるものである。特に日々地上に足の着いていない危険と隣り合わせのパイロットの場合、この感性こそが管理監督者に大切な資質となる。

パイロットの1日は、全員そろってのマス・ブリーフィングから始まる。まずは予報官の気象ブリーフィングからその日の気象予報の説明を受ける。

ある日、新米予報官がやってきて、訓練幹部の質問に「午前中、雨は絶対降りません!」ときっぱりと答えた。ところがブリーフィングを終え、飛行隊の建物から出るや否や雨が降ってきたではないか。訓練幹部はすぐに予報官を追いかけたが、彼もさるもの、駆け足でさっさと逃げて行った。

気象ブリーフィングの次は、整備小隊若手幹部による航空機の故障状況報告へと続く。これも新米整備幹部の仕事で、古参のパイロットから意地悪な質問責めにあうこととなる。彼にとってはこの時間が終われば1日が終わり、というくらいのつらい時間である。この洗礼によって若手整備幹部は知識と度胸を養っていく。次はこれも若手パイロットによる緊急手順のブリーフィングが始まる。やはり古参のパイロットにより、今で言うパワハラに近い質問が続く。これを順番にやるのだが、翌日自分の番だとわかると、前日は手順書やら技術書やらを引っ張り出して夜遅くまで準備しなければならない。いくら準備していても、経験豊富な古参のパイロットの質問には負けてしまう。こうして、先輩の暖かい(?)というより熱い指導を受けながら、彼らはたくましく育って行く。そして今度は飛行班長の指導へと続く。飛行班長は、飛行班の最古参で飛行時間も多く経験も豊富である。指導事項も適切で的を射ている。そして、最後に飛行隊長の番である。私は、みんなが注意事項を述べている間に全員の顔を見るようにしていた。なぜなら、目を見れば大体パイロットのその日の健康状態が解る。公私ともに毎日顔を付き合わせている仲間のことだから、普段と違っていれば何かを感じるのである。丁度、家族で誰か体調の悪い者がいたら気が付くのと同じである。

飛行隊のメンバーは家族と同じで、それぞれの目をじっと見ると、目をそらす者、にっこり笑う者、知らんふりをする者、とまちまちであるが、朝から居眠りをしているやつ、時には、目を赤くしている者もいる。朝からサングラスをかけているやつもいる。こういうやからは、たいてい寝不足か前日飲みすぎた面々である。今でこそ酒気帯び操縦は厳しく指導されているが、そのころはまだおおらかで、フライトに支障がなければ不問に付されていた時代もあった。パイロットも前日飲みすぎたと感じたら、飛行には細心の注意を払っていたものである。よく言えば自己管理ができていたと言えるし、悪く言えばいい加減だった、とも言える。だから、こいつは普段と違うな、と感じたら、本人を呼んで確かめる。そうすると、やはり何らかの問題を抱えていたりする。そういうパイロットは、朝のフライトはキャンセルして午後のフライトにスケジュールを変更したものである。

また飛行隊長には、他の職種以上に危険に対する感性、つまり危険予知能力が要求される。

1995年の戦競に参加した時の気迫に満ちた「戸田組」F-4EJ改

その日の訓練内容、天候、航空機のトラブルの状況により、飛行中に発生しやすい緊急状態、パイロットの犯しやすい過ちがある。それらをかみ砕いて、ちょっと部下の頭にインプットしてやるだけで、危険が常態となっている彼らの頭の回路を修正することができる。飛ぶことが慣れっこになってくると、危険を危険と感じなくなる傾向にある。つまり、危険であることが常態となってしまうのだ。「我々は、いつも危険な状態に身を置いているんだよ！」と再認識させることが大切だ。しかし、これをあまりやりすぎると「守り」に入ってしまい訓練の成果が出ないこともあるので、そこには案配が大切である。つまり部下の意識の片隅にちょっと入ってやり、「本日のフライトにはこんな危険が潜んでいるんだよ」と認識させることが大切なのだ。起こさなくてもよい事故を防ぐことは飛行隊長の務めである。そのためには、危険予知能力を向上させるため、自分自身の感性を磨いておかなければならない。その感性は、いつも飛行訓練の中で考えていれば自ずと身についてくるものである。

そして、常にその感性を研ぎ澄ましておかなければならないところに飛行隊長としての苦労とやりがいがある。

ベイルアウトの決断

——陸上での脱出判断の難しさ——

ベイルアウトについては、第7章の「入間T‐33事故」でも触れたが、この決断はパイロットそれぞれの生きざまに左右されるといっても過言ではない。海上でのベイルアウトは、誰でも躊躇することなくイジェクション・ハンドル（脱出レバー）を引くことができる。しかし、市街地上空を飛行している時に脱出が必要な緊急事態に遭遇した場合には、イジェクション・ハンドルを引く前に地上に与える被害がパイロットの頭をよぎる。民家への被害を局限するために、エンジンが停止し推力の無くなったT‐33を入間川河川敷まで飛行させ、帰らぬ人となったパイロット達のエアマンシップがそれである。

戦闘機は、通常海上の訓練空域で訓練をするが、陸地上空の空域で訓練をすることもあるし、進出・帰投時は必ず陸地上空を飛行しなければならない。離陸直後の低高度での火災とかエンジントラブルでは機を失せずベイルアウトしなければならない事態もある。私たちは、「ここでこうなったらこうする」という腹案を常に持って飛んでいた。例えば離陸直後にエンジンが停止したら機首をこの方向（民家の少ない方向）に向けて脱出、と言った具合に。

２００９年にＵＳエアウェイズ１５４９便がバード・ストライク（鳥との衝突）により全エン

ジンが停止し、機長は空港に引き返せないと判断してハドソン川に不時着水して乗客、乗員の命を救った事故があった。これは『ハドソン川の奇跡』という映画にもなった。彼は、民間に入る前は軍のパイロットだったという話を聞いたことがある。つまり、常に緊急事態での腹案を持って飛んでいたからこそ、こういう芸当をやってのけたのだと思う。

緊急事態で脱出が必要となった場合、脱出の最低安全高度までに脱出しなければ乗員は生還が保障されない。脱出後にパラシュートが開いて安全に着地するには定められた高度とスピードが必要なのである（新鋭機では地上近くで脱出してもパラシュートが開く構造になっているので状況はいくらか改善されている）。このギリギリの高度まで操縦して民家への墜落を防いだ例は過去に数件ある。その時はパイロットも助かっているが、一歩間違えば自分も助からないし、地上への被害も発生するということは十分に考えられる。脱出の決心は一か八かの賭けとなる。この状態で果たして脱出の決心が出来るかどうか、その場になってみないと誰にも分らないだろう。

飛行隊長は部下の命と家族の生活を預かる立場にある。当然国民の生命財産を守る義務もある。ベイルアウトのタイミングに関して、両者を天秤にかけることはできないが、部下には、「脱出しなければならないと判断したら、黙ってイジェクション・ハンドルを引け！」と私は指導していた。それに加えて「脱出後の責任は俺が取る」と言いたいところだが、第4章でも触れたように、それが言えない事情が日本にはある。今の法体系では責任の取りようがないのである。諸外

戦競の勝利を勝ち取る精鋭部隊を作り上げられるか否かも、飛行隊長の腕次第

国と違い日本では、当該パイロットは航空危険行為処罰法又は過失致死罪などの民間の法律で書類送検され、被疑者として裁かれるだろう。国の防衛のために過酷な任務に従事し、他に手段がなく脱出したパイロットが犯罪者扱いになるのは、不条理というほかない。他の国では軍法会議にはかけられるかも知れないが、生存のために他に手段がないと判断されれば即刻無罪となるのが普通である。「民家に被害を及ぼすくらいなら飛行機もろとも空き地に突っ込め!」と誰が言えようか。

私自身は、もちろんその場に遭遇してみないとわからないことだが、民家への被害があるのならベイルアウトはしないという考えを持っていた。そして同じ考えを持った仲間もいた。しかし、その判断はパイロット個々人の生きざま、死生観の問題に帰結し、上司と言えどもとやかく言える問題ではない。

そこに飛行隊長の権限と責任の取り方の限界があり、苦悩するのも事実である。

冬の北陸

―視界不良で着陸不能―

北陸の冬はきびしい。一日中どんよりとした天候が続く。雪が降りながら雷が鳴る。しかし地上では雪が舞っていても上空は雲一つない青空がファントムを待っている。少々の雪なんかで訓練を中止するわけにはいかない。だから飛行訓練の手始めは雪かきから始まる。滑走路と誘導路等の除雪は、スクランブル待機のファントムが離陸するために、施設隊が一晩中雪かきをしてくれている。しかし、格納庫周りは除雪車が入らないため自分達でやる。こうして飛行隊の１日は、飛行服を着たパイロット達の雪かきから始まることになるのである。パイロットが外部点検を終えコクピットに座った時には、雪で頭が真っ白なんて日もある。

除雪車で滑走路の雪をどかしても、凍り付いた雪が着陸地点にまだ残っていることがある。滑走路の着陸地点に凍り付いた雪が残っていると、接地時に滑ってオフ・ランウェイ（滑走路逸脱）する危険がある。その時はどうするかと言うと、ファントムが横に並んでエンジンの排気熱で凍り付いた雪を溶かしながら進む。幸い、ファントムは排気ノズルが下方を向いている。高熱の排気が滑走路に直接噴射され、凍った雪を溶かしてくれる。これを私たちは「ファントム除雪隊」と呼んでいた。ファントム除雪隊が活躍した後、本隊が離陸することになる。

ファントムも工夫すれば色々と使い道があるものである。しかし、この雪かきには燃料代が高くついた。

滑走路に入るため待機している時、既にファントムの翼に雪が積もっていることもある。翼に雪を残したまま離陸すると、離陸時の揚力が不足して離陸できないことがある。今では民間機などは機械で機体の雪を吹き飛ばしているが、そのころはそんな便利な機材もなかった。この時もまた人力作業隊が駆り出される。通常、地上に残っている若手パイロットが箒を持って駆けつけ、ファントムの翼によじ登って積もった雪を掃き落とすのである。時には翼から滑り落ちそうになり、この仕事が結構難しい。そうして、何とか離陸にこぎつける。

ところが、今度は訓練終了後の着陸が待っている。地上指揮官は気象レーダーとにらめっこしながら5分単位で雪雲の動きを刻々と観測している。気象レーダーとは、雪雲の動きが表示されるアメダスのような機材である。当然、気象隊の予報官も観測しているが、予報官にいちいち聞く余裕などない。雪雲の動きをスコープにプロットしながら、いつ着陸させるかを判断しなければならない。時には、「コール・オフ」（訓練を中止して帰投させること）の指示を出さなければならない。雪雲は、視界ゼロになったかと思うと、5分後には視界が開けている、といった具合に、天候はめまぐるしく変化する。その合間を縫って在空機を安全に着陸させなければならない。また、雪雲の中には強い電荷をもった雷が存在する。この雷がファントムの大敵である。雷に直接当たると電気系統がやられ、またレドームに雷が当たるとその破片をエンジンが吸い込み大事故に発展する可能性がある。ベテランのファントム・ライダーも天候には勝てないのだ。

さらにパイロットの技量によっても着陸の最低条件が決められている。ベテランは少々悪天候でも降ろすことはできるが新米パイロットはそうは行かない。5分単位の精密な気象判断で運用

使命は責任重大で気の休まる時はない。しかしあれほど充実した日々も二度とないと思える飛行隊長時代
（写真：M.Hamada）

していても、天候が回復せずに着陸できないという事態も発生する。その時は、代替飛行場へと向かわせるが、多数の在空機がある場合は、各機の残燃料を把握しておかないと大変なことになる。飛んでいる者は他の編隊の残燃料は分らない。そこで、地上指揮官が全機の残燃料を確認して、燃料の少ない編隊から順次、お前は岐阜へ、お前は浜松へと、代替飛行場への指示を出す。10機以上が飛んでいる時はハチの巣をつついたようになる。

以前、新田原基地で、新田原飛行場にアプローチを試みたが天候不良のために着陸できず、代替飛行場の築城基地に向かったファントムの1機が燃料切れのため墜落、パイロットがベイルアウトしたことがあった。また、小松基地でもF-104Jが小松飛行場にアプローチ中、北陸独特の冬の雷に打たれ操縦不能となり金沢上空においてパイロットはベイルアウト、飛行機が民家に墜落した事故もある。戦闘機は旅客機と違い、余裕の燃料は少ない。訓練中は悪天候でも最低限、代替飛行場に向かう燃料は残しているものの、やり直しはきかない。

ここに、当事者のパイロットはもちろん、飛行隊長の判断と瞬時の決断が要求される。一歩間違えば、ファントムと部下の命をなくす危険との隣り合わせの世界である。そのギリギリの環境で訓練を積むことで、戦闘機パイロットは成長し、飛行隊は強くなる。

その匙加減を見極めながら日々飛行指揮をしなければならないのが飛行隊長の宿命である。今になって思うと、よくやったもんだとつくづく感じる。若さと勢いだけでやっていたような気もするし、日々の細々としたことや、その責任の重大さを考えると、怖くてもう二度とできないと思ったりもする。

責任重大で気の休まることはなかった。しかし、長い自衛隊生活の中でもあの飛行隊長の頃が最も充実した日々だったのは間違いない。

第10章

リーダーシップ

「何かおかしい」と気づく感性
――一瞬のミスが危険を招く――

飛行隊長、つまりリーダーの飛行指揮は常に状況判断の連続である。

彼我の状況、天象気象、航空機の状況、部下の能力、残燃料、搭載武器の状況等、千変万化する大空において、それぞれの環境に応じて的確な判断を下さなければならない場面に遭遇する。

そのためには、正しい情報をいかに早く集めるかが必要で、また最悪の事態になる前に予知能力を働かせて事前に対処しておくことも大切だ。予知能力といっても特殊な超能力などではない。「些細なことの違いに早く気づく」ということだ。日頃から神経を研ぎ澄ませて、普段の状態をよく把握しておくことが重要だ。そうすれば、異常に発展する前に「何かおかしい……」と感じるはずである。

例えば、こんな事例があった。

上空での訓練中に、「エンジンの振動がいつもと違う」と感じた。計器を見ても異常はない。スロットルの動きに応じてエンジン回転数も異常なく追随している。しかし、ある回転数になると普段は感じない振動を感じる。

とりあえず訓練を中止して振動の少ない回転数を維持しながら帰投した。エンジンを取り外したその後の検査で、エンジンブレードの一部が欠けているのが発見された。そのまま最大出力で飛行を続けていれば欠けたブレードの破片が他のブレードを破損させ、エンジンは空中爆発を起こしていたかも知れなかった。これも、エンジンの普段の「健康状態」を把握しているから少しの異常に気が付いた結果である。

また、敵機と遭遇した場合、右に旋回するか左に旋回するかの選択を迫られる場合がある。後でゆっくり考えれば、右に旋回した方が有利な場合でも、一瞬の判断で左に旋回してしまったとする。この時、直後に「右に旋回しておけばよかった！」と悔やんでも仕方がない。もう、後戻りはできないのだ。次にやらなければならないのは、それ以上事態を悪化させないことだ。そのためにはウイングマンをうまく使って相互の連携により事態を回復して、こちらが有利な状態に持っていくか、あるいは最低引き分け状態にして戦域を離脱するかという状況判断を瞬時に迫られることになる。実戦ならこの判断如何によっては自分の命だけでなく部下の命をも失うこととなる。

飛行中、パイロットは常に正しい状況判断を迫られている。この判断を一歩間違うととんでもない結果を招くことになる。やりなおしのきかない中で、一瞬のうちにベストな選択をするには、日頃からの訓練が必要なのだ。

決心と実行ができるリーダー
――飛行隊長の孤独――

情報を集めていくら正しい判断をしても「決心」して実行しなければなんにもならない。この「決心する」という行為は、リーダーのリーダーたるゆえんである。決心のできないリーダーほど役に立たないものはない。いない方がましな場合もある。決心なくしてリーダーは務まらない。

特に、飛行隊長などの空中指揮官にはこの資質が要求される。地上では部下の意見を聞き、最良の方策を決めることができても、上空では誰に相談することもできない。瞬時に行動しなければならない場面では、即断即決は空中指揮官としての大切な資質の一つである。ただし、地上で時間的にも余裕のある作戦計画の立案等については、多くの幕僚の意見を聴き、それぞれの案の利不利特質などを勘案し、数案を案出した後、熟慮の上で決心しなければならない。拙速だけでは、最善の策を選択できない場合がある。

往々にして戦闘機パイロットの指揮官は、地上でもこの即断即決の傾向に陥りやすいので気を付けなければならない。私もどちらかと言うとこの傾向にあったので反省することが多々あった。

さてここでいう「決心」とは、私たちが日常生活で使う「決心」とはやや違うことを説明しておこう。「決断」という言葉もよく使われるが、決心と決断は少し違う。決心は、情報を集めて状況判断し六分の勝算があれば行動に移すことができる。しかし、決断は、勝算が五分五分でもイエスかノー、右か左かを決めなければならない場面に遭遇した時に行う指揮活動の意味合いで、過去の経験値などに基づいた一種の賭けである。空中指揮にはこの決断と言う行為が必要となる場面が多い。

空中指揮官は、自分で考え判断して、信念に基づいて行動しなければならない。優柔不断、疑心暗鬼は任務遂行の阻害となるとともに、部下を危機に陥れる。時には、誰にも相談できず、最終的には自分自身で決心して、部下の生命をも左右するような命令を出さなければならない時もある。そんな時、指揮官は孤独である。

一般の企業でも、優柔不断、疑心暗鬼で決められない、決心できない上司がいると、その組織は崩壊につながる恐れがあるだろう。組織が目的達成するためには、必ず決心しなければならない場面に遭遇するはずである。そこで、「どうしよう、こうしよう……」と部下の顔色ばかり見ている上司ではその組織の将来は知れている。

リーダーには二つのタイプがあると思う。一つは自ら先頭に立ち力強く部下を機関車のように引っ張っていくタイプ。このタイプは危機管理に強い有事の指揮官に向いている。もう一つは、部下の意思を尊重し、細かい口出しはせずにじっと結果が出るまで待つタイプ。このタイプは平時、大きな問題もないような組織の管理者には向いているかも知れない。何もやかましいことは言わないので部下からはいわゆる「いい人」として慕われているかもしれない。しかし、このタイプの指揮官は、危機に陥ると率先して組織を率いていくという能力には欠けている場合が多い。世の中が平和になりすぎると、この平時のタイプの指揮官が重用され、有事タイプの指揮官はクセがありすぎると敬遠されがちである。しかし、軍の組織にあっては、この有事タイプの指揮官を育てておかなければいざというときに役に立たない。いくら、下士官兵が優秀であっても指揮官に統率力がなければ戦力発揮はできないし、宝の持ち腐れでもある。

空中指揮官が持つ「即断即決即実行」と、大部隊の指揮官の「熟慮決心即実行」の両方を、時と場所に応じて柔軟に使い分けるリーダーが理想的な指揮官と言えよう。

空中では「命令」ですべてが動く。相談しながらの仲良しクラブでは戦闘はできない。空中指揮官は、常に正しい判断の下、決心して部下に命令を下さなければならない。命令を受ける方も指揮官を信頼しているからこそ、生死を分けるような場面でも黙って行動することができる。

信頼できない指揮官に対して、全力を尽くして仕事をしてやろう、という部下はいないだろう。そのためには、信頼される指揮官にならなければならない。戦闘機パイロットの場合、信頼されるリーダーとは何か。繰り返しになるが、それはまず誰にも負けない技量を身に付け、「この人には命を預けられる」という信頼感を部下に与えることの出来る人間だと思う。次に大切なことは、部下を信頼できるかどうかということである。この信頼関係があるからこそ、複座機であれ

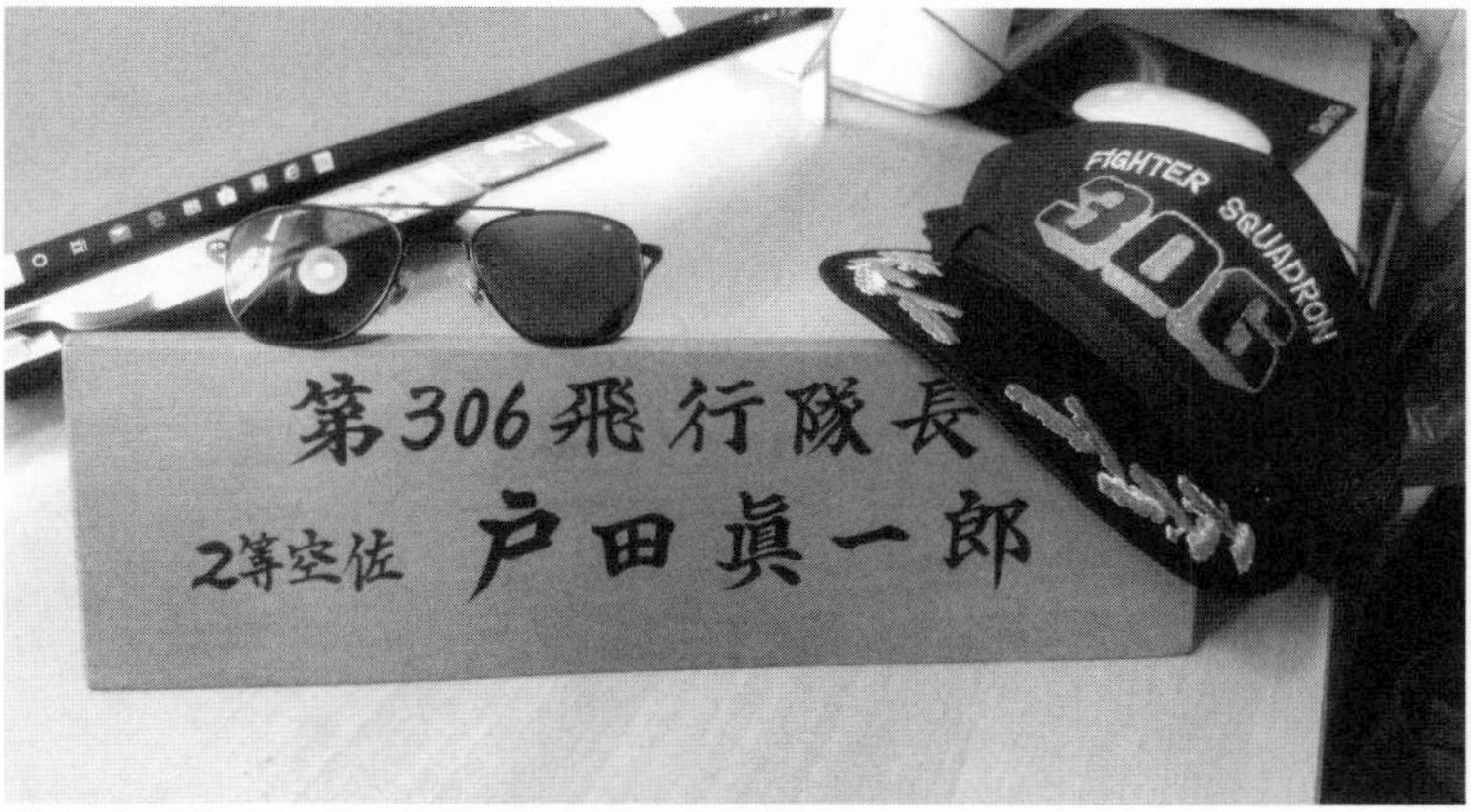

部下の命を預かるリーダーには“信頼”こそが何より大切だ

ば前後席のクルー・コーディネーションが可能になり、リーダーとウイングマンの連携も生まれる。この連携がないところに勝ち目はない。すなわちリーダー・シップとそれを受ける側のフォロワー・シップが必要だということだ。

またミッションに関する命令に、「NO」という言葉はない。ウイングマンは黙ってその命令に従うだけである。当然、ウイングマンは、その命令を出した根拠、理由等をリーダーに聞く余裕もない。「ハード・ライト・ターン」と言われれば、自分では理由がわからなくても思い切って操縦桿を右に倒すだけだ。その理由は、その後の結果が教えてくれる。互いの信頼関係がなければなかなかできる事ではない。

状況判断→決心→計画→命令→実行→監督指導、これが指揮活動の基本的な流れである。空中ではこれらを秒単位で同時に考えなければならない。瞬時に判断して、即実行である。失敗したら次の策を考える。これの繰り返しにより戦闘訓練は続けられる。

余談だが、企業などで、『PDCAを回す』という言葉が使われていることは読者諸氏もご存知のことと思う。「Plan」（計画）、「Do」（実行）、「Check」（確認）、「Action」（行動）、これと同じ考え方である。つまり、計画を立てて実行、そしてその実行状況を確認して行動、これを繰り返して成果を出す。仕事を行う時は、常にこの考え方を軸に実行すれば計画はうまくいくはずである。それらを、時間をかけてやるか瞬時にやるか、ここが地上と空中との違いかもしれないが、本質は同じである。

操縦者綱領
――受け継がれる操縦者の教えとは――

航空自衛隊には、「操縦者綱領」という教えがある。これは、操縦者のあるべき姿を端的に表している。この項の締めくくりとしてここで紹介しておこう。

航空自衛隊の使命は、その精強な存在により我が国に対する侵略を未然に防止するとともに、侵略に際しては、主として空において敵戦力を撃破することにより、我が国に対するあらゆる主権侵害を排除し、我が国の平和と独立及び国民の生命と財産を守ることにある。
操縦者は、最前線における航空防衛力の発揮を託されている立場にあり、事に臨んでは形而上下のあらゆる困難を克服し任務を完遂することを宿命的に求められる。すなわち、操縦者は航空自衛隊の主兵である。このため、操縦者は航空作戦のみならず隊務全般においてもあるべき姿を体現する存在でなければならい。

創設以来、今日まで航空自衛隊が与えられた任務を的確に果しえてきたのは、航空自衛隊創設の精神を礎として、先達が有形無形の組織力を育み培い、部隊を鍛え上げてきたからである。言うまでもなく、航空自衛隊発展の歴史において任務に殉じた多くの尊い犠牲があったことを決して忘れてはならない。操縦者は先達の気概や英知に学び、伝統を正しく継承し、さらに発展させ、後世に伝えていく中心的な役割を果たすべきである。

また、我が国の美しき伝統や世界的に瞠目される武士道の精神を受け継ぎ体現することは、現代の武人たる操縦者の使命である。

明朗闊達さは航空自衛隊のよき伝統である。操縦者は航空自衛隊の中核となり、明朗闊達な気風をもって健全で精強な航空自衛隊を育め。不断の研鑽と切磋琢磨の中に操縦者の道を究め、一朝事ある時に備えよ。戦闘に立ち、一身の利害を超えて公に尽くすことを誇りとし、誠心をもって飄々と信義を貫け。旺盛なるリーダーシップを発揮し、各職域とともに歩み、航空自衛隊を率いよ。平時、有事を問わず、国家を背負う航空自衛隊の全操縦者が、その原点を理解し、覚悟を新たにすることを期し、ここに「操縦者綱領」を定める。

- 明朗闊達たれ
- 鍛え、備えよ
- 先頭に立ち実践せよ

第11章

ファントム・ライダーよもやま話

空撮秘話
——徳永克彦氏との出会い——

航空自衛隊では、ＰＲ（広報）用の写真を撮るために、訓練の合間に空撮のための撮影ミッションを行うことがある。その時は、通常後席に広報担当の隊員を乗せて、出来る範囲で撮影するのだが、やはりプロは違う。カメラマンの徳永克彦氏と一緒に飛んで、それを知らされた。

徳永氏と言えば、この本の読者諸氏は当然ご存知のことと思うが、「世界各国の軍用機に搭乗できる空撮カメラマンは３人しかいない」と言われている中の１人である。この本でも巻頭カラーをはじめ徳永氏の写真を多く拝借させていただいている。

私が小松基地の第３０６飛行隊長時代（平成８年／１９９６年）、ちょうど第３０６飛行隊は創設15周年を迎えた。そこで記念誌を作ろうということになり、防衛庁（現防衛省）時代に知り合った徳永氏にその撮影を依頼したのが、彼のプロ魂を知る新たな出会いとなった。当然、当方には予算も何もないから、まさにボランティアで空撮をお願いした。ただし、撮影した写真は後で自由に使ってもらって構わないので、それで帳尻を合わせてほしい、という厚かましいお願いだった。快く聞いていただき、空撮の日を迎えた。

空撮は、４機編隊の記念塗装ファントムに加え、カメラ機としてベテラン・パイロットの操縦するT‐4を1機飛ばした。徳永氏の要求に応えるためには熟練したパイロットでないと対応できないと判断したからだ。徳永氏は、このT‐4の後席に同乗した。

当日は念入りなブリーフィングから始まった。まずは、徳永氏から、どのアングルでどんな写真を撮るのかの説明。ここで驚いたのは、徳永氏は事前に絵コンテを何枚か用意しており、この隊形で撮影したいという。部内での空撮では、編隊長が適当な隊形を選んでそれを撮影してもらうというやり方だったので、まずはこの事前準備に驚いた。その絵コンテにある隊形も、普段あまりやらないような隊形が含まれている。また、一瞬しかシャッター・チャンスがないような動きもリクエストされた。

つまり、撮影前に、地上で完璧に計算され尽くした空撮ミッションなのである。彼の仕事が「飛ぶ前に撮影は終わっている」と言われる所以である。事前に見せられた構図は、ファントムの飛行特性、速度、高度、太陽の位置、背景、かけるGまで、すべての要素を把握した絵コンテだった。編隊長は私だったが、「これはなかなか難しいな…」と感じた。しかし、向こうが写真のプロならこっちも飛ぶことのプロ。ファントム・ライダーとしての面子もある。今思えば恥ずかしい話だが、その時は、どうせ空撮だから編隊隊形をしっかり保って適当に飛んでいれば楽勝、と思っていたのだが、これが甘かった。

T‐4に続いてファントム編隊が離陸して空中集合。空撮が始まった。太陽の方向、雲の位置などを判断して、撮影機から指示が出る。徳永氏のリクエストをT‐4前席パイロットが次々と無線で伝えてくるのである。「右に行け、左に行け！　あそこの雲をバックに隊形を取れ！　もう一回！……」。ブリーフィングでの絵コンテの構図を忠実に描くべく、飛ぶ。ファントムの流麗なフォルムを力強く、美しく表現するための飛行が続く。真上を見あげると、シートベルトをしっかり締めて、バレル・ロールの頂点で背面姿勢のままシャッターを切っている徳永氏の顔が見える。逆さになったままシャッターを切っているのである。

彼は、一瞬をとらえ、連写はしない。連写をすればその一瞬の構図を逃すからと言う。まさに居合抜きのワンショットを狙うプロである。だからあの、絵画のように芸術的ともいえる写真が撮れるのだろう。約1時間のフライトが終わり、着陸した時はみんな汗びっしょり。通常の訓練以上に疲れたことを覚えている。その時の撮影の成果が巻頭カラーの8ページである。

当然、徳永氏を乗せたT‐4パイロットも感心していた。徳永氏は撮影の隊形変換の合間にフィルムも入れ替えていたらしい。今ではデジカメだが、そのころはまだポジフィルムを使っていた。フィルムを入れ替える時、それをコクピットに落とそうものなら大変なことになる。飛行に支障が出るため、そこで撮影は中止である。でも、プロに失敗はない。

彼は、世界のパイロット仲間から「Ｋａｔｓｕ」のタックネームで呼ばれている。世界45か国で飛び回り、その飛行時間は２０００時間以上、本職のパイロット顔負けの飛行経験を持つ。今

第302飛行隊のF-4ファイナルイヤー塗装機を空撮する徳永氏（写真：K.Tokunaga）

1997年4月、ネリス空軍基地で行われた米空軍50周年記念“ゴールデン・エア・タトゥー”で徳永氏に再会したときのもの

でも世界各国の空を飛び回り、世界中の航空写真家の頂点に君臨しているプロカメラマンである。徳永氏と一緒に飛んで、まさに別世界のプロの生きざまを見た。

なぜかミラージュ2000体験搭乗！
―フランスの空を飛ぶ―

空幕教育課在籍時代の、ちょうど私が2佐で40歳になった平成4年（1992年）の話。

空幕のM空将のお供でフランス、アメリカに出張する話が持ち上がった。目的は、フランス空軍とアメリカ空軍の飛行教育現場の視察である。これはチャンスとばかりに手を挙げたら白羽の矢が立てられてしまった。公務での外国出張は2度目である。アメリカにはナイキ（地対空誘導弾）の年次射撃の管理要員として行ったことはあるが、フランスは初めてである。出張したのは、平成4年の5月頃だったと記憶している。航空自衛隊がF‐1後継機の開発をしている時期で、またT‐38での米国委託教育もこの頃開始、第1期生と2期生が米国で飛行訓練を受けていた時期だった。

フランスに着いた翌日、フランス防衛産業のダッソー社を研修した。これはフランスの装備庁の計らいであった。多分、航空自衛隊の次期戦闘機にダッソー社の戦闘機を売り込む意図があったのではないかと思う。フランスは、軍と防衛産業が一体となって、装備庁を通じて世界に防衛装備品を売り込んでいる。

ダッソー社ではイストル飛行場でのミラージュ2000の体験搭乗が待っていた。会社に到着すると一応会社の概要説明を受けた。その後、テスト・パイロットによる体験搭乗のブリーフィングが始まったのだが、これが微に入り細に入り懇切丁寧で長い。エンジン・スタートから始まり、空中での課目の諸元、着陸時のファイナル・スピード、着陸の要領等、実に詳しく、前席に乗るパイロットに対するブリーフィングとほぼ同じだった。体験搭乗は通常後席に乗るので、緊急手順等の最低限のことしか説明しないのが普通である。「どこの国にもまじめなやつがいるものだな」とか、「ダッソーのテスト・パイロットだからこんなに詳しく熱心なのかな」などと思いながら聞いていた。当然こっちは後席にお客さんとして乗るのだから、2時間近くにも及ぶブリーフィングなどまじめに聞いているはずがない。しかしこの思い違いによって後で冷や汗をかくこととなる――。

とりあえず、午前中のブリーフィングが終わったので、食事に行こうということになった。この食堂がまた素晴らしく、まるで一流ホテルのレストランなみ。メニューにいたってはフランス料理のフルコースに近く、ワインまでテーブルに置いてある。しかし、「今からフライトをするのにワインを飲むのか」と思いつつも、これがフランスの風習なら日本男児としては口を付けないわけにはいかない。とりあえずは一杯飲んだ。テスト・パイロットは飲んでいなかったので、後で考えてみると、どうも食事の形式上置いてあるだけだったようだ。それを飲んでしまったのだ。

私はフランス語を全くしゃべれないので、一応拙い英語でフライトの会話などをしているうちに、途中から妙に話がかみ合わなくなった。さらに色々な話をしているうちに、「You are front seat！（あなたが前席に座ってください）」と言うではないか。こっちは、後席のお客様気分でフライトに臨もうとしているのに、彼は私をフロント・コクピットに座らせて飛ぼうとしていたのだった。多分最初のブリーフィングで前席搭乗の説明があったはずであるが、こっちは頭から「体験搭乗は後席！」という先入観があるものだから聞き逃したのだろう。

さあ、それからが大変！せっかくのミラージュ２０００を操縦して、それも前席でフランスの空を飛ぶチャンスを逃すわけにはいかない。昼食後、エンジン・スタート手順等を再度ブリーフィングしてもらいしっかりとメモも取った。

エンジン・スタートは当然前席でしかできないし、ＢＩＴチェック（飛行前点検）もしかり。その後、エンジン・スタートは何とかメモを見ながら無事完了。ＢＩＴチェックは、スイッチを入れるだけで、コンピューターがバタバタと動翼を動かしながらチェックをやってくれていた。パイロットは、異常なしのグリーン・ランプを確認するだけだったので助かった。そしていざ、タクシー・アウトの段階に入ると、管制塔との交信は後席のパイロットがやってくれた。

しかし、タクシー（地上滑走）からは「You have control」（「君が操縦せよ」）である。初めての飛行場、当然滑走路までどうやって行けばよいのかわかるはずもない。後席から「レフト」だの「ライト」だのと教えてもらいながらやっとの思いで滑走路に入り、離陸滑走の位置まで来た。

後は、アフターバーナーを焚いて離陸するだけである。「離陸してしまえばこっちのもん！」と言う腹があるから、比較的冷静だ。アフターバーナー全開！　離陸スピードに到達すると操縦桿を引き、決められたピッチ（上昇角度）にセット。さあ、今からフランスの空に舞い上がるのだ。気分も少し舞い上がっていた。ミラージュ２０００はフライバイ・ワイヤーだが、操縦桿はファントムと同じような位置に付いているからまったく違和感は感じない。運動性能もF-15以上の感じで非常に操縦しやすい戦闘機だった。

陸地上空の訓練空域に到達し、まずは模擬対地攻撃をやれと言う。標的は何かと聞くと、あそこに見えるシャトー（お城）だという。シャトーの周りの牧場では羊が放牧され、のんびりと牧草を食っている。事前に教えてもらったスピードと角度で突っ込んで行ったら、その羊たちがびっくりして蜘蛛の子を散らすように逃げ回っていた。いくらフランスでも本当に大丈夫なのかと心配したほどである（日本では処罰ものだ）。私は昔、自分の郷里の上空を飛んだだけで注意処分を受けたのに……。

1992年5月

**ミラージュ2000
体験搭乗
アルバム**

バタバタのブリーフィングの後、なんとか乗り込む。しかしエンジン・スタートはまだこれから…

プリ・タクシー・チェックを終えて、タクシー・アウトへ

飛んでしまえばこっちのもの！ フランスの空を思う存分味わって、無事着陸

最高のフライトだった！ミラージュ2000と、一緒に飛んでくれたダッソー社のテスト・パイロット氏に感謝！

その後、地中海に出てミラージュ2000の最大性能を体験。コントロールが電子的に制御されているので、最大Gをセットしておけば操縦桿を思いっきり引いてもそれ以上のGはかからない。オーバーGで飛行機を壊すこともない。スピードをセットしておいて、操縦桿をいっぱい引いて10秒数えると、ミラージュは360度旋回して元の方向を向いていた。

羊も追いかけたし、地中海の美しい景色も堪能したので帰投して着陸の態勢に移る。飛行場のある方向は計器で大体わかるが、帰投手順は知るはずもない。後席から言われるままに高度を降ろして、滑走路が見えてきたので360。オーバーヘッド・アプローチでピッチ・アウトしての着陸を試みてみた。ベース・ターンとファイナルでのスピードは聞いていたので、そのスピードにセットしながらアプローチ、そして決して美しくはないが無事着陸。当然、駐機場がどこにあるのかわからない。また、「レフト」やら「ライト」やら言われながら地上滑走して、やっと元の駐機場に戻ってきた。離陸から着陸まで、約40分のフライトをすべて前席でやらせてもらった。後席のパイロットも私のお守りでさぞかし疲れたことだろう。夜は、ダッソー社主催のセーヌ川船上パーティーでパリの夜を楽しませてもらった。今もその夜のワインの味は忘れられない。

かくして、私のミラージュ2000体験搭乗は無事終わったが、ダッソー社もよくも日本から来た素性も技量もわからないパイロットに、前席での体験搭乗を認めたものだと感心した。また、私もワインをいただきながらも恥もかかずになんとか無事降りてきた。今思えば若気の至りである。翌日は、フランス空軍でアルファ・ジェットの体験飛行をしたが、これは後席であった。また、アメリカでT-38の体験搭乗もしたが、これも後席だった。

駐在武官に聞いたところ、航空自衛隊のパイロットで、ミラージュ2000を前席で操縦したのは後にも先にも私だけとのこと。今思えば、ワインを飲んで操縦したのも初めてだった。昼食のワインを一杯だけにしておいて本当によかった。

日米共同訓練裏話
――戦闘機パイロット気質は日米共通だ――

ファントムに機種転換したころから日米共同訓練の機会が増えた。目的は、航空自衛隊と米空軍との相互の連携を深める事とフレンドシップにある。その頃は国内での訓練だけで、海外に行って訓練するということはあまりなかった。米空軍が航空自衛隊のどこかの基地に飛んできて、そこに各地から集まった自衛隊のファントムと共に訓練をしていた。相手はファントムであったり、F-16、F/A-18であったりと機種は色々だった。

主として、対戦闘機戦闘の訓練が多かった。相手の2機とこちらの2機が戦うのである。お互い相手の手の内が解らないので実戦的な訓練が出来る。戦術戦法もまた違う。彼らの中には、ベトナム戦を経験したパイロットがいたので、実戦的な考え方は大いに勉強になった。

例えば、空自2機と米軍2機が接敵する時の高度の取り方にも違いを感じた。わが方は、位置エネルギーを確保するためにコントレールを引かないギリギリの高高度（2万5000〜3万フィートくらい）を選ぶ。それに比べ米空軍は1万〜1万5000フィート位で接敵してくる。そのまま、会敵して格闘戦に入れば、当然高い高度から接敵する空自機が有利である。訓練終了後のブリーフィングで、なぜその高度帯を選んだのかと彼らに聞いてみた。彼らの答えは、ベトナムでは敵地攻撃の際、地上からSAM（地対空ミサイル）に狙われる。あまり低いと敵の戦闘機と遭遇した時に対処できない。また、地上からの機銃で狙われる。高高度だと対空ミサイルに狙われやすい。だからその中間の高度帯を選択するのだと言う。

逆に彼らから「お前たちはなぜあんなにバカの高上りをするのか?」と聞かれたから、「われわれの任務は、防空である。だから高高度を飛行して燃料をセーブしながら、出来るだけ遠距離で要撃するためにあの高度帯を選んだのだ」と答えた。そもそも米空軍機は相手の戦闘機以外の脅威も考慮していたのである。このあたりに、空自と米空軍の作戦運用の違いがあり、大いに勉強になったものだった。やはり、実戦を経験している米空軍の教訓は、実戦を経験したことのない空自にとって得るところ大であった。

1991年の日米共同訓練で、2機の米空軍F-16の編隊長として飛ぶ。F-16にも体験搭乗した

ところで、2機と2機が空中戦をやるとその機動航跡はぐちゃぐちゃになる。彼らに言わせると「焼きそば」状態。そのころは、今みたいにお互い機動解析装置もなかったので、上空での機動図を覚えてこないといけない。4機それぞれの機動図を地上で描くことは至難の業である。ベテラン・パイロットと言えども全機の動きをすべて掌握できているわけではなく、当然、自分一人では描けない。そこで、着陸後の合同ブリーフィングの前に、それぞれの編隊内で相談しながら機動図を描いて合同ブリーフィングに臨む。それぞれが描いた機動図を基に、どこで撃墜したか撃墜されたかを示していくが、これがなかなか意見の一致を見ないことが多かった。一方的にやっつけた時は問題ないが、お互いが多くのミサイルを発射するチャンスがあった場合などはややこしくなる。そうなると最後は、声のでかい方が勝ちであるが、彼らもなかなか納得しない。どこの国の戦闘機パイロットも負けず嫌いなのは共通。そこで今度は、お互いが撮影してきた撃墜をコールした時のフィルムを見ることになる。そこで、ピパー（照準点）が相手機の真ん中にあれば、誰も文句は言えなかった。

昼間の訓練が終われば、官舎で夜間訓練（?）が始まる。彼らを招待してホームパーティーを開くのである。当然、酒も入る。翌日の天気予報をしっかり把握して、酒の量を判断するところも日米共通である。私の子供たちは、彼らの膝の上で遊んでいた。言葉は通じないがまったく違和感なく遊んでいる。これを見て、コミュニケーションには言葉はいらないと感じた。我々は一応英語は話すが、難しい話になると身振り手振りの辞書片手。しかし、お互いのコミュニケーションは取れている。こうして、両国のフレンドシップを深めながらの日米共同訓練は続いた。

明日は大雨の予報で訓練は中止だろうと、２次会で街に繰り出して深夜まで共同訓練をした翌日、からっと晴れた時の反省と焦りも、日米戦闘機パイロット共通だった。

航空祭の舞台裏
――飛ぶ苦労と観客の喜び――

航空祭の季節が近づくと、飛行隊はどんな種目の飛行で観客に喜んでもらえるかを訓練の合間に考え始める。当然、普段の訓練が第一だから、航空祭の計画は訓練の合間の空いた時間となる。編隊飛行やら機動飛行やらで、どうすればみんなに楽しんでもらえるかを基本に計画を考える。

しかしパイロットにとって労力を要する課目が、観客の皆さんにも喜んでもらえるかと言うと、意外とそうでもなかったりする。

例えば９機の大編隊飛行１回と、２機での機動飛行を午前２回、午後２回やるのとどちらが大変かを比べてみよう。延べ機数とパイロットとＡＰＧ（Air Plane General＝航空機整備員）の必要人員から言えばあまり変わらない。観客の皆さんは、多分大編隊の飛行よりも、機動飛行でアフターバーナーをバンバン焚いて飛び回る方が大変だと思うだろう。しかし、飛ぶ方から見ると大編隊の方が大変なのである。

まず、大編隊をやる場合は、一度に多くの機数を用意しなければならないし、多くのパイロットと整備員が同時に必要となる。当然、故障機に備えて最低2機は予備機を準備しておかなければならない。9機飛ばすのに予備機を含め11機が必要となる。

また多数機編隊長の人材は限られているので、飛行隊長か飛行班長は必ず飛ぶことになる。通常、事前訓練は1~2回程度行うが、これだけの機数を一度に飛ばすとなると、本来やるべき訓練が出来なくなる。さらに当日は、一度に多くの飛行機を飛ばせるために、割かなくてはならない整備員、パイロットが必要となり、他の業務ができなくなる。また無事飛べたとしても、少しでも隊形がずれていれば、それが目立って見栄えがしないということもある。

それに比べ、2機での機動飛行は、いつでも事前訓練が出来る。一度に飛ぶのは2機だけだから、同時に必要なパイロットとAPGの必要人員も少なくて済む。それだけ他の隊員は、航空祭の接遇や他の業務に専念することができる。つまり、航空祭当日、2機を飛ばせるだけの人員を確保しておけばよいことになる。パイロットは、午前2組、午後2組を確保しておいて交互に飛べばいいし、事前訓練もその者だけがすればよい。

いくら多くの飛行機が編隊を組んで飛んでも、一度きりでは観客も退屈してしまう。ひっきり

2機編隊で飛ぶ第306飛行隊時代のF-4EJ改

なしに2機が飛んでる方が、エンジン・スタートから着陸後の点検までのすべてを、何回も見られるので楽しいはずだ。これにタッチ&ゴーを加えればより見所は増える。

私たちの時代は、今ほど航空祭がメジャーではなく観客も少なかったので、いかにすれば多くの観客を動員できるか、いろいろ考えて工夫を凝らしたものだった。それにひきかえ最近の航空祭はあまりにも多くの観客が来場するため、あの頃のような工夫は感じられなくなってきた。まあ、少ない予算で飛行時間も限られているため、航空祭のためだけに多くの飛行機を飛ばせられない空自の台所事情もあることだろう。

昔は、機動飛行では誰に遠慮することもなく、かなりハードな飛行もしていた。ファントムの模擬対地攻撃では低高度ギリギリでアフターバーナーを焚いてオフ（引き起こし）し、テントを吹き飛ばしたこともあったような……。タッチ&ゴーでドラッグ・シュートを引いて、パラシュートをつけたまま離陸しかけ、やっと切り離して着陸復行したこともあったような……。

しかし、最近はレギュレーションも厳しくなり昔のような破天荒フライトはご法度だ。昔の航空機ファンには少し物足りないだろうが、それが時代の趨勢というものかも知れない。

転勤族はつらいよ
――お父さん、一人で行ってね…――

幹部自衛官は転勤が多い。2～3年周期で転勤することもある。人事異動は組織の活性化には必要だが、家族への配慮はあんまりなかったように思う。異動は、北は北海道から南は沖縄まで、どこに行くかわからない。今では少しは改善されたと聞くが、それももったいぶってギリギリでないと異動先を教えてくれない。

私が空幕勤務から小松基地に赴任する時、家族会議が開かれた。長女が中2、長男が小6、次女が小1の時だった。議題は、今までのようにお父さんについて一緒に小松に行くかどうか。結論は、「お父さん1人で行ってね!」だった。1対4の多数決で決まり! これには家内の子供たちに対する贈賄と裏工作があったようだ。私たち家族は、それまでにも幾度となく転勤を繰り返していた。長女などは幼稚園を3回も替わった。家内も転勤に疲れたらしく、官舎であのバカ騒ぎに再び巻き込まれるのか、と思うと引いてしまったのかも知れない(第8章参照)。特に飛行隊長の妻となると、週末は「呑んべえ」パイロット達の攻撃の的となる。誰かしらが隊長宅に来てホームパーティーが始まるからだ。

さらに、今はどうなっているかわからないが、自衛官の転勤は参勤交代と同じである。いくら切りつめても転勤にかかる経費は必ず赤字になる。異動旅費は出るものの、引越しに伴う費用は一定額しか出ない。移動旅費は、階級と家族構成、移動距離によって決まっていた。官舎を引き払う前は、壁の塗り替え、ふすまの張替え、荷物の梱包、大掃除、挙句の果ては引っ越しコンテナへの積み込みと、すべて自分達でやる。官舎の誰かが引っ越しとなると総出で手伝う。重たい家具や冷蔵庫の積み込みは、若手パイロットの仕事。引越しコンテナに家財道具一式を隙間なく積み込むのはまさに職人技である。必要な物から積みはじめ、優先度の低い物は後回しで、どうしても積み込めなければ置いていく、という手順も定着していた。通常、古くなった自転車を積み残すパターンが多かった。パイロットの中にも器用なのがいて、引越し業者顔負けの技術を持った者もいた。

引越し業者に頼んでもいいがすべて自腹となるものだから、節約のためみんなで助け合う。そもそも引っ越し業者に頼む家庭もなかった。昔の村社会でお互い労働力を提供し合うのと同じである。業者にすべて依頼して、請求書を経理に回せばよいという大会社とは大違いだった。そのおかげで、今でも自宅のふすま張りは自分で出来るし、壁塗りも自分でしている。

さらに引越し先の官舎には台所の給湯器もエアコンも部屋に付いていなかった（引っ越した後の部屋の中は何も残っていないし、残してはいけなかった）。必要なものはすべて買い求めるか、我慢するかしかなかった。

奥様方も大変である。通常、パイロットは若い世代が多いから、小さな子供と乳飲み子を抱えた家庭が多い。旦那も引越しがあるからと言ってそうそう休暇も取れない。必然的に荷物の整理やまとめは奥様方の仕事になる。日々の生活をしながらの引越し準備だから奥様方も大変だ。積み込みの前日まで炊事も洗濯もしなければならない。ひどいときは、旦那だけが先に赴任して、妻は子供を抱えながら一人で片づけて、引越しという例もあった。私も移動先の官舎が空かなくて、私だけが先に赴任し、1か月後に家内は小さな子供を抱え、すべての片付けを自分1人で済ませて後を追ってきたこともあった。

今思えばよくやってくれたと思う。イマドキの奥さんだったら荷物をほったらかして、子供を連れてそのまま実家に帰ってしまう人がいるかもしれない…。

転勤先の官舎の指定は、階級と子供の数によって優先順位が決められていた。私などは子供が3人いたから、階級は低くてもそれなりの広さの官舎に入ることができた。ところが指揮幕僚課程を卒業して、三沢の官舎に引越した時はびっくりした。風呂のドアが壊れて風呂の中は丸見え。それを見た家内はあきれ顔……。前の住人は寒い土地で、風呂のドアもないのによく我慢したものだと感心した。冬場は零下の気温が続く三沢、風呂は玄関を入ってすぐ横にあるので寒くて仕方がない。官舎の担当者からは国の建造物だから勝手にドアを付けられないから少し待ってくれと言われた。カーテンを張ってしのいだが、来客でもあろうものなら入浴中の家族は大変であった。

当時の自衛隊では、隊員の福利厚生などというものは優先順位が一番低かったのではないだろうか。そういえば、こんな川柳があった。

「自衛隊　冷房完備は　器材だけ」。

よく我慢していたものだ。今でもこんな状態だったら、誰も自衛隊に入ってこないだろう。

新婚さんはNO FLY

――1週間は地上勤務のその理由《わけ》は――

当時、若手新婚パイロットは、1週間地上勤務という不文律があった。つまり、飛行訓練をさせてもらえないのである。これは、少子高齢化社会の到来を予測して子づくりに励んでもらう親心……というわけではない。結婚するとどうしても生活環境が変わる。また、若いパイロットは毎日それなりに励んで睡眠不足になることがある。睡眠不足と疲労で飛行訓練をやると事故につながる。仕事中も官舎に一人残してきた新妻が、オバサン達にいじめられていないかといらぬ心配もする。独身時代と生活が急変し、どう考えても飛行訓練に集中できない環境である。

「そこを平常心でやるのがプロだろう！」と言われそうだが、若い者はまだまだ精神修養ができていないのが常である。そこで、親心が働いてこの不文律ができたものと思われる。今もこの不文律があるのか否か定かではないが。

ある時、40歳に手が届かんとする独身長老が嫁を貰った。彼は当然、1週間は地上勤務で家庭生活に専念できると思っていたらしい。ところがそうは問屋が卸さない。彼ぐらいの年齢になると飛行隊でも要職に就いていて、教官としても飛ばなければならない。そこで一計を案じた私は、彼を1週間すべてファントムの後席に座らせて飛ばせた。昼間のフライトで疲れ切って、夜のフライトができたかどうかは定かでない。

警備犬との出会い
―「おばあ」の草刈り―

自衛隊の基地には警備犬がいる。警察犬と似ているが犯人捜しはしない。警備犬は、自衛隊では「装備品」として扱われている。いわゆる「モノ」として区分されているのである。愛犬家がこれを知ったら動物虐待などと言われてしまうかも知れない。

私が那覇基地の副司令をしていた時も、10頭前後の警備犬がいた。そしてそこには、黙々とこの犬の世話をしている隊員がいた。いわゆる自衛隊の警備職の隊員である。決してパイロットのようにみんなの目に触れる派手な仕事ではないが、彼らは、自分の子供のように犬達をかわいがっている。そして犬達も世話してくれる隊員を主人と思って忠実に仕えている。警備犬の任務は、夜間手薄になる基地内の要所要所に配備され、外からの不審者の侵入を防ぐことである。

あるとき私が警備の隊員の慰労を兼ねて、この警備犬を見に行ったのが、彼女との出会いだった。彼女には名前があったが、私は「おばあ」と呼んでいた。「おばあ」は、沖縄で年取った女性を呼ぶときの愛称である。通常、警備犬は、知らない者が犬舎に行くと吠えまくり近づくことさえできない。ところがこの「おばあ」は、私と目が合うと嬉しそうに近づいて来るではないか。警備のT3曹に聞くと、「この犬はおとなしいから、大丈夫ですよ」と言う。早速、外に出してもらい、しばらく一緒に遊んだ。彼女は10歳を過ぎた老犬だった。

1週間くらいして、また犬舎を訪ねると、他の犬は吠えまくるが、彼女は私の顔を覚えていたのか、人懐こそうに寄ってくるではないか。その時、私は基地内での駆け足の途中だったので、彼女を散歩に連れ出した。そしたら、彼女は嬉しそうにしっぽを振ってついて来た。

こんなデートが何回か続いた。そのころ、那覇基地では5S活動（整理・整頓・清潔・清掃・躾）をやっていた。特に基地内の草刈りには気を配った。なぜなら、以前、空幕で事故調査委員をやっていた頃、事故調査に行った基地の5Sが徹底されていなかったこと、特に基地内の雑草が伸び放題だったことがあったからだ。基地内の草刈りもできない指揮官では部隊の指揮統率もいい加減で、その結果として事故に繋がるのだと考えた。実際その後の航空事故調査活動の中でも、

警備犬には珍しく人なつこい「おばあ」とのふれあいは、那覇基地時代の大切な思い出のひとつだ

この因果関係が見られた。5Sの徹底されていない工場で休業災害が発生し、会社の業績も上がらないのと同じである。それから、私は部隊統率の基本は、まずは5Sの徹底にあるという考えに至ったのだった。

那覇基地も同様である。私が赴任したころは規律違反や不祥事が続いていた。しかし、この5Sを徹底し始めた頃からそれが減少した。5S活動を目に見える形で示すには基地内の草刈りが解りやすい。見た目もきれいになるし、隊員にも自分たちのやった成果が目に見える。しかし、これを徹底するのがなかなか難しい。草刈りは、場所によっては業者に委託してやってもらっていたが、ほとんどは自分達で仕事の合間にやる。各隊には自分たちの草刈り受け持ち区域が決められており、そこは各隊長の責任で草刈りをやることにしていた。那覇基地は米空軍から移管された基地だから、基地内が広く米軍仕様で、芝もしっかり植えられている。東京ドーム5個分近くある基地内の芝生の管理だけでも大変だし、年中暖かく雨も適度に降るものだから芝もすぐに伸びる。

そこで、芝を刈る基準を設けた。嘉手納の米軍基地はいつ行ってもきれいに芝刈りがされていた。コマンダー(司令官)に聞いたところ、5インチ(12・7センチ)以上伸ばさないように指導しているとのこと。早速これを採用することとし、各隊に通達した。しかし、これがなかなか守られない。各隊はそれぞれ独自の基準を設けていた。中には基準すらないところもある。特に、人目に付きにくいところはほったらかしである。そんなエリアでは毒蛇のハブも時々出てきて、ハブ酒にされていた。

ここで登場するのが、「おばあ」である。私は、警備犬との散歩のふりをして、彼女と基地内をくまなく歩きまわってみた。そして、5インチ以上伸びているエリアにはイエロー・フラッグを立てた。この旗を背負って運ぶのは彼女の役目だった。それでもほったらかしているエリアには、またもう一本と、イエロー・フラッグを立てた。2本立てられても、それでもほったらかしている横着なエリアにはレッド・フラッグを立てた。レッド・フラッグを立てられた隊長は、自らそれを私のところに返しに来るように伝えた。それでも返しに来ない隊長もいた。それは、自分のエリアの見回りもしていない証左である。こういう指揮官は、部下の仕事ぶりも見ていないし、指揮官としての自分の任務も全うしていないと思われても仕方がない。レッド・フラッグに気が付かなかった隊長がその後どうなったかは推して知るべし、である。

こうして、彼女とのデートを兼ねた5S活動がしばらく続いた。完全に徹底して、何も言わなくてもいつもきれいに芝刈りができるまで1年近くかかった。彼女がいなければ私の基地内見回りも長続きしなかっただろう。彼女とのデートのおかげである。

ある日、彼女を散歩に連れ出そうとしても、彼女はなぜか嫌がった。T3曹曰く「この夏の暑い日に、副司令は駆け足で引っ張りまわすものだから犬も疲れるのですよ。こいつは、もう年寄りだからいたわってあげてください」と注意をいただいた。

それからは、ゆっくりと散歩をすることにして、彼女との密かなデートは那覇基地で迎えた私の定年退官の日まで続いた。

私の定年退官の日、正門で基地隊員とラッパ手の見送りを受ける中、最後にT3曹に連れられた彼女が「気を付け」をして見送ってくれた。そして、私が車で正門を去るとき、悲しそうに遠吠えしていたとのこと。この話を後で聞いて涙が出てきた。

出会いがあり別れがあることは、人も犬も同じである。後日、那覇基地を訪れた時、彼女に会いに行ったが、彼女はもうこの世にはいなかった。警備の隊員に立派なお墓を作ってもらっていた。

今頃は、しっかり刈りこまれた芝生を見ながら安らかに眠っていることだろう。

最終章

私のスクランブル人生

4章でも触れたように「スクランブル」とは、航空自衛隊の行う「緊急発進」という意味の他に、「スクランブルエッグ」など、「かき混ぜる」という意味もある。彼我不明機に対するスクランブルは、パイロットや整備員が蜘蛛の子を散らすように走り回り、1秒でも早く戦闘機を発進させるために、「かき混ぜ状態」になることに由来している。緊急発進は、航空自衛隊では「ホット・スクランブル」という。

最後に、私の「スクランブル人生」と称して、時間軸に沿ってシンプルに私の歩んできた道を振り返ってみたい。自衛隊パイロットを志望する人たちのいくらかのお役に立てば、望外の幸せである。

少年の夢

「そうだパイロットになろう。どうせなら戦闘機乗りだ！」

大空にあこがれたのはいつの頃だったろうか。

私の生まれ故郷は、四万十川の源流高知県窪川町（現四万十町）の片田舎である。高知の軽井沢と呼ばれる海抜約200メートルの台地にその町はひっそりとたたずむ。小さな川が寄り集まり、四万十川を形成するその場所にある田舎町だ。夏は蛍が飛び交い、当時は街灯なんかなかったから我が家周辺の夜道では、蛍の光を頼りに歩いていた。

山と川、海に囲まれ、産業は農林業と漁業。ウナギと鮎の川魚漁で生計を立てている人もいた。そのころ、時々戦闘機が山の合間を縫って飛んでいた。今思えば岩国の米海兵隊が、太平洋L（リマ）空域に行くために飛んでいたのか、又は低高度航法訓練をしていたのだろう。あるときは大空に2本の飛行機雲を残しながら、またある時は谷間すれすれに爆音をとどろかせながら飛んでいた。子供心に、「俺もいつかはああやって大空を飛びたい！」と思っていた。

私の実家は農家で、そのころは稲作と畜産で生計を立てていた。牛も豚も飼っていて鶏は庭を飛び回っていた。鶏のエサやりと卵の回収は私の仕事だった。私は百姓仕事が嫌いだったので、小学生の頃は勉強をしているふりをしていれば、親も手伝えとは言わなかった。勉強をしているふりがいつの間にか勉強が面白くなり、成績もそれなりによかった。地元の窪川中学校を卒業した後は、高知市内の高知学芸高校に進学し、下宿生活が始まった。進学校だったので、2年生から文科系、理科系の選択クラスを選ばなければならない。希望は医学部に進みたかったが、父親に相談したところいい返事がない。まあ、地元で農業に従事する父としては、私立の進学校に行かせるために下宿までさせているのに、これ以上学費のかかる医学部は勘弁してくれと言う心境だったのだろう。わかる気もする。医学部に行かせるとなると、現金収入の少ない当時の生活では、先祖から引き継いだ田畑、山を売らなければならなくなる。家庭の実情を知っている私は、それ以上のことを父には言えなかった。

医学部がダメなら法学部に行こうと文科系のコースを選んだが、先が見えない。そこでふと、子供の頃の夢が頭をよぎった。「そうだパイロットになろう。どうせなら戦闘機乗りだ!」。母は、反対した。父は、大東亜戦争であの激戦地ラバウル航空隊に所属し、九死に一生を得て生還した下士官だったが、賛成してくれた。これが、私が戦闘機パイロットとしての入り口を見つけた時だった。

航空学生の生活

カルチャー・ショックづくめの毎日

昭和44年(1969年)、大多数の同級生が大学へ進学をする中、戦闘機パイロットを目指し、第25期航空学生として航空自衛隊に入隊した。もっともこの年は、学生運動が活発な頃で、インテリと称する学生は猫も杓子も反体制運動に参加していた。はやり麻疹みたいなものだったのだろう。東京大学も学生たちに占拠され、入学試験を見送った年でもある。冗談半分に「東大の入試がなかったので自衛隊に入った」と友人には妙な自慢をしたことを覚えている。このころ「自衛隊は税金泥棒!」と言われ、街を制服で歩けなかった時代だった。

合格して、福岡県の芦屋基地（当時、航空学生課程は芦屋基地で教育していた）に向かう夜行列車を見送りに来た母が、涙を流して送ってくれた姿は今でも脳裏に焼き付いている。息子を送り出すことが、父の出征とダブっていたのだろうか。最寄りの折尾駅に到着するとバスではなく自衛隊の幌付カーゴ（トラック）が迎えに来ていた。バスでなくトラックである。これには驚いた。一事が万事、このカルチャー・ショックが航空学生の生活で続くこととなる。

入校後は色々とあったが、1年3か月後（今は2年制になっている。）には航空学生の全課程を無事卒業し、奈良基地の「操縦英語課程」へと進む。ここでは朝から晩まで英語漬けの毎日が続く。

操縦英語課程を修了すると、防府基地と静浜基地に分かれてのT-34プロペラ機での「初級操縦課程」から始まる。そして、芦屋基地でのT-1ジェット練習機による初めてのジェット機操縦訓練へと続いた。その後は、浜松基地でのT-33での「基本操縦課程」へと進む。ここを卒業するとウイング・マークを授与され、晴れて自衛隊パイロットの仲間入りが許される。しかし、まだまだひな鳥以下のパイロットだ。続いて、浜松基地に残る者と松島基地に行く者とに分かれ、F-86Fによる「戦闘機操縦課程」が始まる。ここを卒業して初めて部隊に配属され、実任務に就くための新たな訓練が始まる。

ここまでに約4年余りの年月を費やしていた。

戦闘機部隊勤務

指揮幕僚課程への挑戦がステップに

昭和48年（1973年）、飛行教育の全課程を無事卒業して福岡県の築城基地配属となり、第10飛行隊で約2年間F‐86Fで飛んだ。ここでは飛行幹部候補生のまま2機編隊長資格を付与された。幹部に昇任する前に実任務に就くことなど、今では考えられないことだ（粗製乱造か？）。そして、新田原基地の「F‐104J機種転換課程」へと進む。

昭和50年（1975年）、石川県小松基地第205飛行隊に赴任し、約800時間余りをJ79エンジンのF‐104Jで飛ぶ。この間、戦技競技会に2回出場。

昭和55年（1980年）、同じ小松基地の第303飛行隊に異動し、F‐4ファントムの機種転換講習を修了し、念願のファントム・ライダーの仲間入りをする。ここで、戦技競技会2年連続優勝の栄誉にあずかり、その後の私の戦闘機パイロットとしての立ち位置を確固としたものにできた。地元の女性と出会い、子供にも恵まれた。30歳を過ぎて、パイロットとして怖いもの知らずの時期だったように思う。

それからしばらく経って、時々ひまな時間があると、何か物足りないと感じることがあった。「自分のパイロット人生はこれでいいのか」と、ふと考える時である。どうせパイロットになったのだから、飛行技術は当然のことながら階級的にもそれなりに昇進して、飛行隊長になってやろう。そして、飛行隊でナンバー1の技量を持った指揮官を目指そうと思った。そのためには、学歴社会である自衛隊の中で、私のような高卒には昇進に限界がある。飛ぶだけでは当然、先は知れている。

自衛隊には、「指揮幕僚課程」という高級幹部への登竜門があると知り、フライトの合間に勉強を始めた。先輩方の指導もあり、幸いにも初めての受験で合格することができた。部隊を離れ1年間の教育課程に入ることになる。仕事を離れ1年も勉強させてくれる組織はそうないだろう。自衛隊が人材育成にいかに力を入れているかがよくわかる。昭和59年（1984年）、私が33歳の年だった。ここでは物事の本質と問題解決法、自分自身で考える力を学んだ。

「第33期指揮幕僚課程」で学んだこと、同期の友を得たことが後の私の自衛隊勤務において大いに役立つこととなる。33歳で第33期の学生となったのも何かの縁かもしれない。また、ここを卒業した同期生からは、陸海空のトップである統合幕僚会議議長をはじめ、空自の上級指揮官として多くの高級幹部が輩出されている。

幕僚勤務

六本木プリズン、デスクワークの日々

昭和60年（1985年）、指揮幕僚課程卒業後は、1尉の階級で三沢基地の北部航空方面隊司令部に幕僚として配属された。指導の厳しさで有名な上司に仕え「幕僚とは何か」、「作戦的体質とはなにか」、「作戦指導はどうあるべきか」などをしっかりと叩き込まれた。

昭和62年（1987年）、方面隊幕僚で冷や汗をかきながらもなんとかここを卒業し、新田原基地第301飛行隊に配属された。待ちに待った飛行隊勤務の再開である。飛行隊では、フライトコマンダー、訓練幹部、そして飛行班長としてゆかいな仲間たちに囲まれながら、厳しくも楽しい生活を送った。しかし、指揮幕僚課程を卒業した以上、いつまでも現場で飛ばせてはもらえない。

平成3年（1991年）、「六本木プリズン」と言われ、当時、パイロットには嫌われていた場所に投獄？される。そのころ、現役パイロットは、六本木にあった航空幕僚監部（いわゆる「空幕」）を「六本木プリズン」と呼んでいた。心労で屋上から飛び降り、自殺した幹部もいた。まさに「プリズン」という表現がぴったりの過酷な勤務環境であり、ここもまたカルチャー・ショックの多い職場であった。私は教育課飛行教育班に配属され、航空自衛隊の飛行教育を担当する

ことになった。当然、慣れないデスクワークばかりで、上野公園のホームレスを羨ましく思ったりもした。ここでは、「仕事は時間が解決してくれる。悩むだけ損！」という妙な開き直りと、官僚の狡さと処世術を学んだ。

飛行隊長、そしてその後

再び、F-4部隊で自衛官最後の日々

空幕で2等空佐に昇任し、2年間の投獄生活もやっと終わった。平成5年（1993年）に小松基地に赴任することとなる。待ちに待った飛行部隊勤務である。これで、飛行隊長をやらせてもらえるかと思いきや、そうは問屋がおろさない。慣らし運転を兼ねながら、団司令部運用班長と飛行主任を約1年勤め、念願の飛行隊長の順番が回ってきた。今にして思えば、この期間、幕僚勤務の合間に飛ぶ年間飛行の中で、上司から飛行隊長としての資質と適性をチェックされていたのだろうと思う

飛行隊長は、パイロットにとって一度は経験してみたい憧れの職である。当時航空自衛隊には13個の戦闘機飛行隊があった。すなわち同時期に13人しか飛行隊長は存在しないという狭き門でもある。小松基地第306飛行隊の飛行隊長として、いざ任命されてみると、今までほとんど部

下を持たなかった身に、一度に150人近い部下をもつことの重みを実感せざるを得なかった。その頃はひとつのF‐4飛行隊に、パイロットだけで70名近くが所属していた。彼らをまとめるのは主として飛行班長だが、飛行隊長はこの飛行班と整備小隊の両方に目を配らなければならない立場にある。今思えば、楽しくもあり厳しくもあるやりがいのある飛行隊長職だった。ここではF‐4最後の戦技競技会に出場し、さらに優勝することが出来、いろんな意味で思い出深い勤務であった。しかしそれもいつまでも続かない。飛行隊長は通常2年で交代するからである。当然、私も後ろ髪をひかれながらも後輩にその席を譲ることとなった。

平成8年（1996年）、飛行隊長も無事終わり、再び六本木にある空幕への異動辞令を貰い、副監察官、監察主任として航空自衛隊の監察、安全、事故調査等の仕事をすることになる。このころは不祥事、航空大事故が続き、忙しい時期だったが空幕も2度目の勤務とあって、前回ほどのカルチャー・ショックは感じなかった。人間、何事も経験である。

平成12年（2000年）、あしかけ4年間の空幕勤務を終え、襟裳分屯基地に基地司令として赴任することになる。赴任前にネットで「襟裳駅」を検索しても出てこない。それもそのはず、JRが走っていない。最寄りのJR駅「浦川」からバスで1時間くらいかかる。

通常、全国にあるレーダーサイトはどこもこんなローカルなところにある。襟裳分屯基地は、基地防空隊も含め約200名の部隊で、空からの侵入に備えて対空レーダーで警戒監視をする部

襟裳時代のひとコマ。道産子馬に乗ってシカやキタキツネと競争してました

隊である。いわゆる「お山の大将」といわれているその大将になってしまった。襟裳の方々には失礼だが、普通に考えたら島流しのようなものである。

しかし、ここでの生活がまた面白く、楽しかった。人生まさに「塞翁が馬」とはよく言ったものだ。森進一の歌で、「何もない春です～♪」と歌われているように、本当に何もないけれど、そこには日本の原風景があり、手つかずの自然がある。岬ではゴマフアザラシが昼寝している。乗馬で野生のシカを追っかける。サケの遡上に感動する。人情味にあふれ、多くの友を得、今までの任地で一番思い出残る土地となった。このままずっとここにいたい気分だったがそうもいかない。ここで、50歳の誕生日を迎え、1等空佐にも昇任させてもらった。ちなみに、歴代襟裳分屯基地司令では初めてのパイロット出身の司令だった。しかし、ここから定年までまだ3回の転勤が待っていた。

その後、浜松の航空教育集団司令部の計画課長、西部航空方面隊司令部の監理監察官を歴任し、平成17年（2005年）那覇基地副司令を拝命した。ファントム・ライダーがF-4部隊で最後の自衛隊生活を迎えることは、これ以上に幸せなことはない。那覇基地勤務中は、F-4やT-4で尖閣諸島の上空を飛んだものだ。航空優勢のないところに主権は存在しない。しかし、今では中国との摩擦を避けるため、政治的判断で尖閣周辺の飛行は自粛しているようだ。自国の主権を守る行動を放棄することになりかねない政治判断である。

那覇基地でのF-4ラストフライトを迎える前に、南西支援飛行班のT-4でのラストフライトを飛ばせてもらった

和気藹々とした雰囲気の中、実に楽しいラストフライトだった

ラスト・フライト

那覇基地で人生最後のF-4フライト

平成19年（2007年）4月1日、那覇基地での勤務を最後に、38年と1か月の戦闘機乗りとしての自衛隊勤務を終えることになる。総飛行時間は、5323・5時間であった。偶然にも上から読んでも下から読んでも同じ数字になってしまった。

定年が迫る3月23日、ファントムでの最後のフライトを迎えた。その日は、4機編隊で2対2のACM訓練の4番機だったと思う。後席にはかつて第301飛行隊での夜間着陸でフラットタイヤ（第7章参照）をともに経験したDJが、なぜか私の監視役（?）として後席に座っていた。当日は、第302飛行隊長のM2佐自らが、編隊長としてラスト・フライトの最後を飾ってくれた。この企画には当時運用班長だったDJが絡んでいたことは後で知った。誰がタイガーの後席で飛ぶかを計画するのは訓練幹部の役目である。この訓練幹部が、先輩のタイガーとDJに忖度したのか、DJの圧力があったのかは定かではない。

前席で飛ぶのもたまにしかないから失敗は許されない。年をとったとは言えタイガーのプライドもある。フライトの前日は、こっそりとシミュレーターに行き、人知れず離陸から着陸までのイメージ・フライトをやり、手順の見直し、緊急手順の再確認をした。たまにしか飛ばないとは

これが我が人生、ホントに最後となった『ラスト・フライト』。後席にはかつての相棒、DJがGIBをつとめてくれた

2007.03.23

ラストフライト ドキュメント @那覇

その日は隊員たちもみんなで出迎えてくれた

ラストフライトに向かうタイガー、そして後席はなぜかあのDJ

ラストフライトへ！

息子をはじめ私の家族も水かけセレモニー

無事着陸後は、恒例のバケツで水かけセレモニー

そして消防車まで出動して水をかけまくる…！

妻や3人の子供たちも出迎えてくれた

全員で記念撮影。これはもちろん水をかけられる前！

いっても、まだまだプロ意識は残っていた。また、自分のミスで部下に迷惑をかけることはできない、という思いもあった。

そして、ラスト・ライトの当日を迎えた。

東シナ海の訓練空域でＡＣＭ訓練を無事終了し、イニシャルから４機編隊のノーマル・フォーメーションで進入し、ピッチアウトした。３番機まではスムーズに着陸許可が下りたが、４番機の私には管制塔からゴー・アラウンド（着陸復行）の指示が出た。民航機と重なるために出た指示だった。那覇空港は官民共用で運用しているためよくあるパターンだが、地上では、「お父さんは、たまにしか飛ばないからうまくできなくて着陸をやり直したのかもね…」なんて勝手な会話が、家内と子供たち（もここに来ていたのだ）の間で交わされていたらしい。

その時、管制塔にはＤＪの友人の国土交通省管制官が勤務しており、その後の着陸は、副司令のラスト・フライトだということで、しっかりと優先権を与えられ、悠々と着陸させてもらった。そして、私の人生最後のフライトを無事終えた。それも大好きなファントムで終えたことは感無量だった。

駐機場に入ると、各隊の隊旗をかざしてずらっと並んで出迎えてくれている多くの隊員たちの姿があった。そして、その中に妻と子供たち家族の姿もあった。エンジンをカットした時、今まで飛んだ五千時間余りの思い出が走馬灯のように頭を駆け巡った。

その余韻に浸っている間もなく、ファントムから降りると、すぐに関係者一同みんなで写真撮影が始まる。

それを終えると、恒例の水かけセレモニーが待っていた。ファントムの主翼に隠れていた第302飛行隊のパイロット連中が、副司令に水をかけられるのは今日しかない、という意気込みで上から一斉に、ここぞとばかりにバケツシャワーの洗礼。それも、ご丁寧に反対側の翼にまでバケツを用意しておいて、右翼から左翼へとバケツリレーで次々とバケツでの水かけが続く。挙句の果てには消防車まで出動させて、フライトスーツも下着もビチョビチョ。これが3月の沖縄でよかった。本土なら寒くてたまらなかっただろう。時には、真冬に氷まで入れられてこの洗礼を受けるパイロットもいるのだ。

こうして、上から読んでも下から読んでも同じ、5323・5時間の飛行時間を残して、私のファントム人生に区切りをつけることができた。多くの仲間が志半ばで逝った中、無事私のミッションを終えることができたのも、多くの先輩、同僚、仲間の協力、支援、そして家族の理解があったからだと思う。

後は、おまけの人生だ。なんでも怖いものなしで行こうと思った。

第2の人生

それでも〝タイガー〟道はつづく…！

定年後は、縁があって㈱IHI航空宇宙事業本部で第二の人生のスタートを切った。この会社は、T‐1B、F‐86、F‐104、F‐4、T‐4、F‐15、F‐2、UH‐60などのエンジンを製造していた。ここでは、調査役兼相馬技能訓練所の所長として、社員教育に携わった。そこは、新入社員教育と技能の伝承のための技能訓練を目的とした訓練所だった。小さな工場くらいの規模と設備をもつ「匠道場」と言われる訓練施設だった。

ここで感じたことは、モノづくりの世界とパイロットの教育は基本的に同じだということ。つまり、教え方が徒弟制度的で、いかに先輩から技を盗むかと言うことが共通している。また、マン・ツー・マンで見取り稽古から始まる、と言うところもよく似ている。新入社員教育にいたっては、自衛隊の新隊員教育そのものである。そういう意味でここでの仕事は違和感なくすんなりと受け入れることができた。自衛隊の訓練カリキュラムも取り入れた。ここでは、多くの友人、仲間を得て、自衛隊時代とはまた違った意味で楽しい職場だった。

ところが、忘れもしない平成23年（2011年）3月11日、東日本大震災に遭遇し、住んでいた福島県相馬市も会社も甚大な被害を受けた。会社の被害復旧では、自衛隊での経験が生かされ、会社の仲間と試行錯誤しながらの復旧活動に携わった。会社には7年間在籍し、第二の定年を迎えた。まだまだ、何もしないで遊んでいるだけでは精力を持て余す。会社を退職した後は、東日本大震災の経験と実績から「防災危機管理アドバイザー」として、BCP（事業継続計画）の作成、訓練の実施等、防災関係の仕事に携わることとなった。

私の今の生き方は、「嫌なことはしない」、「先のことは考えない」、「ちょっぴり義理も欠く」をモットーとしている。

「嫌なことはしない」。これは今さら嫌な仕事をする必要もないし、嫌なら断ればいい。テニスやゴルフもスキーも気が向かなければ止めればいい、と比較的簡単である。

「ちょっぴり義理も欠く」も、飲み会なども誘われるままに出ていたのでは身体が持たない。また、遠方でのイベント、遊びのお招きもすべて義理を通していたのでは金が持たない。自分の生活と健康を守るためには、多少の義理を欠くことも許してもらえる齢になったと思っている。

ところが、二番目の「先のことは考えない」がなかなか難しい。わが家の愛犬と3歳の孫が本当に心から楽しそうに遊んでいる。彼らは先のことは何も考えていないだろう。せいぜい明日はどこに連れてってもらおうかというくらいである。愛犬などは明日のことも考えていないだろう。先の心配をすることもなく今を一生懸命楽しく生きている。だから屈託なく実に楽しい時間を過ごすことができるのだ。これを見ていて、「よし！この生き方を見習ってやろう！」と決めた。

しかし、これがなかなか、なのだ。長い人生を生きてくると既存概念とつまらない知恵ができて、これが私の意思を邪魔する。まだまだ、煩悩も抜けきらない。この年になると、やはりこれからのことも考えずにはいられない。しかし、明日はどうなるかは神様しか知らない。今日を楽しく精いっぱい生きていれば明日が来る、また、明日を精一杯生きていれば明後日が来る、そしていつかはくたばるだろう、と自分に言い聞かせている。そして「後は、知ったことか！」と開き直りを決め込むことにしたが、まだまだその境地に至らないのが人間の人間たる所以である。

かくして、大空への夢をかなえた少年は、戦闘機パイロットとして自衛隊の任務を終え、定年を迎え、一般企業での会社員生活を経験した後、過去を振り返りながらこの文章を書いている。

素晴らしい仲間と家族に支えられ、無事自分に与えられたミッションを終えることができたことに心から感謝している。

ひと昔前は、「ちょい悪オヤジ」と言われたが、今では、「チョイ漏れオヤジ」も時間の問題。これからもファントムおじいちゃんのように、最後まで飛び続け、切れのいいフライトで締めくくりたいものだ。

2018年12月、妻と娘、そして孫達と、百里基地第302飛行隊の「F-4ファイナルイヤー」塗装機の前で。
本書冒頭の孫娘の写真も、この時撮影したものだ

TODA

巻末特別企画

TIGERの戦闘機パイロットQ&A

イラスト：飛行機工房Azul

ここからは、ファントムやパイロットを中心に、ファントム・ファンの皆さんからかつていただいた硬軟入り混じった素朴な疑問にお答えするコーナーとします。今の戦闘機は進歩していますが、基本的には変わらないと思います。なお回答は、私の独断と偏見に基づいていますので、それを前提にお読みいただければと思います。

パイロットはモテますか?

昨今は、婚活パーティーなるものが盛んで、男女が出会う機会も多くなりましたが、私たちの時代はそういった機会は少なかったように思います。しかし、今の時代よりは独身者も少なく、それなりの年齢になると、皆さんちゃんと結婚していました。それは多分、周りの者が独り身でいることを許さなかったというか、おせっかいな上司、同僚がいたからだと思います。

今でこそ、航空祭などでは若い女性も多く訪れますが、私たちの時代は、航空祭も今ほど一般的イベントではなかったし、飛行機ファンの女性は少なかったと思います。若い女性と知り合うのは、行きつけの喫茶店かスナックくらいでした。結構、そのルートで知り合った同期は少なくありませんでした。

当然、マメな者は、周囲の索敵を怠らず、目をつけた女性を次々にロックオンして射止めていました。「下手な鉄砲も数打ちゃ当たる」です。出会いは、今も昔も神様の赤い糸でつながっているのかもしれませんね。その糸を自分で手繰り寄せるか、誰かに手伝ってもらって手繰り寄せるか、あるいは切り離すか、の違いではないでしょうか?

「パイロットはもてるか?」の質問ですが、「イエス」、「ノー」の二者択一なら「イエス」だと思います。自衛隊員は身分が保証されているし、パイロットとなるとそれなりの飛行手当もあり経済的にも安定しているし、職業柄そうアホなこともしないだろうし、健康だし…。子孫を残すためには格好の相手でしょう。その上、事故で亡くなっても残された遺族にはそれなりの保証があり、生活には困ることもありません。結婚対象としてはAクラスではないでしょうか。でも、結婚して一緒に住めば、ただのオトコですよ。夢がないようだけど…。

住むところは決められているの？

自衛官には「指定場所に居住する義務」というのがあり、基本的には官舎に住んでいます。その代わり官舎費も一般のアパートなどよりは安くなっています。中には、新婚さんで、官舎生活が苦手な奥さんがいると、民間のアパートなどに住んでいる人もいました。その場合でも、いつでも呼集に応じられるように基地周辺のエリアを指定されます。飛行隊の妻帯者のほとんどが官舎に住んでいるため、オフの時間も飛行隊の延長みたいなものです。オンもオフも助け合って仲良く生活していました。しかし、昔の官舎は狭くて、大勢のパイロットが集まって官舎居酒屋をやる時など、テーブルが間に合わないものだから、こたつ台の上に戸板をはずして乗せ、テーブルクロスをかけてテーブル代わりにしたりしていました。
まさに、必要は、発明の母と言うことです。

空自パイロットの給料は？

パイロットには、自衛官の基本給に加えて飛行手当と言うのが付きます。これはジェット機、レシプロ機で金額も違ってきます。さらに、飛行隊で常に飛んでいるパイロットと、兼務パイロットと言って司令部などでデスクワーク専門のパイロットでも金額は変わってきます。一番多くもらうのは、毎日現場で飛んでいるジェット機のパイロットです。飛行手当の金額についてはここでは言えませんが、奥さんが働かなくとも済むくらいの額です。

しかし、民間機のパイロットに比べれば雲泥の差があります。公務員ですからやむを得ないのですが、命を懸けて日本の空を守っているパイロットが民間機のパイロットの報酬にはるか及ばないというのも何だかなあと思います。

しかし人は、報酬だけで働くものではないと思います。そこにやりがいと生きがいがあるかどうかではないでしょうか。

パイロット夫婦円満のコツは？

私が結婚した時に、家内に一つだけお願いをしたことがありました。「夫婦げんかした翌日は、いくら腹が立っていても笑って送り出してくれ！」という注文でした。いくら仲の良い夫婦でも時にはケンカもするし、ひどいときは1週間くらい口もききたくない心境にもなるでしょう。

しかし、パイロットにとって心の乱れ、家庭内の悩みなどがあると、任務に集中できないばかりか精神的に不安定になり、安全な飛行もできなくなる可能性があります。そこで、前述の注文となったわけです。

これは先輩から教わったことで、実際に結婚してみてなるほどと感心しました。でも、これが現実にはなかなか難しい。朝はいいが、帰宅してもまだ何となくしっくりいかない雰囲気、しかし翌朝はまた元気よく送り出してくれる。これが2、3日続くこともある。家内も新婚当時の約束は守ってくれてはいましたが、やはりけんかをしないに越したことはないようです。

パイロットのサラ飯ってありますか?

昼食はみんな部隊の幹部食堂で食べます。パイロットのそれには「航空加給食」といって一品多く付きます。果物だったり牛乳だったりと、管理栄養士さんが工夫を凝らして準備してくれます。

これは、航空自衛隊創設当時、食生活もままならない頃、パイロットは栄養を取らなければならないと言って始めた制度みたいです。

しかし、現代の豊富な食生活にはあまりそぐわなくなっています。カロリー過多で肥満が増えてきたからです。

パイロットは、飛行訓練の合間に筋トレやらジョギングなどをしてメタボを防止していますが、アウトプットよりインプットが多くなると、どうしてもメタボ症候群が出てきて、航空身体検査に引っかかる者が出てきます。

医食同源、食事は健康の元ですから気を付けなければいけません。

戦闘機パイロットは別の戦闘機にも乗れるの？

基本的には乗れません。戦闘機にはそれぞれ違った性能があり、例えばエンジン始動の手順から違ってきます。当然、上空での戦闘の仕方も違うし、搭載コンピューター、レーダー、武装なども違います。極端な話、飛び方から違ってきます。

機種が変わると、その機種ごとにある「機種転換教育訓練」を受けて、それに合格しなければ飛ぶことができません。この訓練に半年近くかかります。それからまた、半年くらい訓練を受けて、初めてOR（オペレーション・レディ）として実任務に就くことが出来るようになります。だから、ファントムではいくら優秀なパイロットでも、F-15には資格を取らなければ乗ることができないということです。通常、ファントム・ライダーはF-4の飛行隊を、イーグル・ドライバーはF-15の飛行隊を、それぞれ異動することになります。

そして、リタイアを始める機種のパイロットは、別の新しい機種へと機種転換していきます。

1回のフライトで何時間くらい飛ぶの？

通常、戦闘機の場合は、約1時間前後です。その内、訓練空域への往復の飛行時間が15分～30分くらいかかりますから、実質戦闘訓練をするのは

30分前後です。空中戦闘でアフターバーナーを焚けば、5分程度の戦闘時間で終わります。戦いは5分で決着がつくということです。

アフターバーナーを使用すると通常の4倍から5倍の燃料を消費します。ファントムの場合、燃料満タンでドラム缶60本くらい搭載できますが、これをわずか1時間程度で使ってしまうということです。

J79のエンジン1本で約10万馬力、鉄腕アトムと同じです。ファントムはエンジンを2つ積んでいるので20万馬力のパワーを出すのですから、当然燃料も食うわけです。

ただし、外装タンクを付けて巡航速度で燃料をセーブして飛べば、2時間半くらいは飛ぶことができます。外装タンクが空になったら投棄すれば、その分抵抗が減るため更に長く飛ぶことはできますが、通常の訓練では外装タンクは投棄しません。当然、有事になれば投棄して戦闘態勢に入ります。特に主翼下のパイロン・タンクは抵抗が大きいため、燃料がなくなった後も機動に制限を受けます。

少ない防衛予算では、ドロップ・タンクを投棄して訓練をするなど、そんな贅沢なことはできません。もしも緊急事態等で洋上にドロップ・タンクを投棄した場合は、捜索はしますがまず見つかりません。海面に激突した時点で破損して海中に沈むか、仮に回収できても使い物になりません。まあ、私のパイロット生活でドロップ・タンクを投棄した経験はありませんが。

ファントムの搭載燃料は？燃料代は？

ファントムには胴体と主翼に搭載する機内タンクの燃料と、外装タンクに搭載する燃料があります。外装タンクは、胴体下に取り付ける６００ガロンのセンターライン・タンクと、主翼下に取り付ける３７０ガロンのパイロン・タンク×２があります。機内タンクは約７４００リッター、センターライン・タンクは２２５０リッター、パイロン・タンクは2本で約２８００リッターです。３タンク運用ですべてを満タンにしたとして、加えると最大搭載燃料は約1万２４５０リッターになります（ちなみに、1ガロンは３・75リッターです）。ドラム缶が２００リッター／本だから、換算するとドラム缶約62本を積んでいることになります。仮に乗用車一台に60リッター給油できるとすれば、乗用車約２００台分の燃料を搭載していることになります。ものすごい量ですよね。

さて、燃料の価格ですが、ファントムに搭載しているＪＰ４という航空燃料は灯油に近いもので、手元の資料によると52円／リッターくらいになります（年度により価格は変動）。これは免税扱いになるので、1リッター当たりの価格は意外と安く感じるかもしれません。

では、ファントムが燃料満タンにして飛んだらいくらになるでしょう。52円×1万２４５０リッター＝64万７４００円となります。しかし、実際は、機動性を確保するために、胴体下につるしたセンターライン・タンク1本だけで飛ぶので、パイロン・タンク分を差し引いて、またタンクが空っぽになるまで飛ばないことを考えると、着陸時の残燃料を差し引いても、約50万円分を1回のフライトで消費することになります。

ちなみに、アフターバーナーを使って離陸するときに一番燃料を使います。単純に計算すると、最大重量約26トンのファントムを、あの腹に響くような爆音とともに大空に舞い上がらせるためには、この時だけで約5万円前後の燃料を使うことになります。10トンダンプ2・5台分を宙に浮かせるのだから、想像しただけでもすごいことですよね。

アフターバーナーはどんな時に使うの？

アフターバーナーのことを我々は、A／B（エー・ビー）と呼んでいます。スクランブルで彼我不明機に接敵する時など、通常のスピードでは間に合わない時、A／Bを焚いて向かうこともありました。このA／Bとは、一言でいえば、通常の排気推力にもう一度燃料を噴射してさらなる推力を得るシステムです。離陸時にも使います。

また、空中戦闘訓練で、格闘戦に入ると高G旋回で運動エネルギーを失うので、この時にはA／Bを焚いてエネルギーを保持しながら高機動を続け、戦闘します。しかし、A／Bを焚くとみるみる燃料が減っていくので、気が付いたら帰投する燃料ギリギリと言うこともたまにありました。しかし、ファントムは2人乗りだから、ミニマム・フューエル（最低燃料）に近づいたら後席が教えてくれる手順になっています。そのため、飛行前のブリーフィングでは、今日のミニマム・フューエルはいくら、ビンゴ・フューエル（訓練中止の最低燃料）はいくら、とお互いが確認してから飛び上がります。

たまには、前後席共に戦闘に夢中になってビンゴ・フューエルを切り、冷や汗をかいたこともありました。今の戦闘機ではビンゴ・フューエルをセットしておけば、女性の声で「ビンゴ、ビンゴ！」と言ってアテンションを呼びかけてくれます。

戦闘機パイロットは、いくら夢中になっていてもやっぱり男。女性の声にだけは敏感に反応するようです。

ミサイルで撃たれたことはある？

ミサイルで撃たれていたら、この文章は書いていないかもしれませんが……。

ミサイルは、発射母機のレーダーから情報を貰いながら遠距離まで届くレーダー・ホーミングのミサイルと、戦闘機などのエンジンの熱源を追っかける赤外線ホーミングのミサイルがあります。

また、現代は発射後、母機からの情報を貰わずに、ミサイル自身がターゲットを識別して飛んでいく、撃ちっぱなしのミサイルもあります。ひと昔前のレーダー・ホーミングのミサイルは、ターゲットに飛んでいく間、母機からの電波情報が必要なため、発射母機がターゲットをロックオンし続ける必要がありました。撃ちっぱなしミサイルができてからは、母機もミサイル発射後は、危険な戦域に留まることなく引き返すことができるようになり、乗員の生残性が向上しました。

小松の飛行隊長時代、隣のF-15の飛行隊で、訓練中にミサイルを不時発射（パイロットの操作ミスや機器故障などによる発射）した出来事がありました。通常はミサイル発射訓練以外で、ミサイルの実弾を搭載して訓練を行うことはありませんが、この日はたまたま実弾を搭載していたのでした。ミサイルを誤って発射したパイロットは、実弾を搭載しているのを失念して、通常の手順で味方のF‐15にミサイルを撃ってしまったのでした。撃たれたパイロットはベイルアウトして無事生還したのですが、何が起こったのかわからなかったそうです。それはそうですよね。まさか、味方にミサイルで撃ち落とされるなんて誰も思いませんよね。撃たれたパイロットの後日談（実はこのパイロットは私の後輩でした）では、いきなり「ガツ〜ン！」ときて操縦不能になったそうです。そして、すかさずベイルアウトしたら下方に海が広がっていたそうです。そして、通りがかった漁船に助けられ、無事基地に帰ってきました。この時は赤外線ホーミングのミサイルだったので、熱源を追っかけて、みごとエンジンに直接命中したようです。

まさに、「チェック6」（後ろに気をつけろ）の戒めのような事故事例でした。

戦闘機パイロットは何歳まで飛べるの？

飛ぶだけなら定年まで飛ぶことができます。私も那覇基地での最後のフライトはファントムの前席で飛ばせてもらいました。

しかし、練習機や連絡機と違って、戦闘機はただ飛ぶだけにあるのではありません。戦闘するための武器です。そのために過酷な訓練を日々行っているのです。当然、6G、7Gの重力加速度が身体を痛め付けます。時には、極度の緊張を強いられるため、精神的にも大きなストレスがかかります。アメリカではパイロットの平均寿命は他の職種の者より、10年は短いと聞いたことがあります。多分、アメリカの場合は、実戦での死亡、事故死等も含まれているのかもしれませんが。

航空自衛隊の場合、戦闘機パイロットは、40歳半ばまでに第一線を退きます。

その後は、教官、輸送機、救難機のパイロットや司令部の幕僚等、中には割愛制度で民間パイロットへと、それぞれの希望と能力に応じて異動することとなります。

飛ぶだけなら定年まで飛べるのですが、身体的、肉体的な年齢としては、40歳代半ばが戦闘機パイロットとして飛ぶ限界でしょうね。ちなみに、40歳からは航空身体検査も1泊2日の人間ドック並みになって厳しくなります。これに引っかかると、飛行停止になります。当然飛行手当も返上。だから、この身体検査を受ける時期が近づくと、みんな1週間前くらいからアルコールを減らし節制に努めます（既に手遅れですけれどね…）。

ここだけの話ですけど、航空身体検査を受けるときは、前日から当然お酒は禁止。翌日の朝の起き出しの尿を採取するための紙コップも用意されています。この検査は、立川でやるのですが、田舎の飛行隊から出て来たおじさんパイロット達は、久しぶりの都会のネオンには勝てないですね。そこで一計を案じたある猛者は、飲みに行く前に、尿検査用の小水を前もって用意しておいて、その夜は久しぶりの都会での豪遊。翌日、前日に用意しておいた尿を提出していたパイロットもいました。又、前日の21時以降は飲食禁止と言われたものだから、それまでならいいだろうと、思いっきり飲み（もちろんお酒）食いしていた者もいました。翌朝、呼気検査に引っかかって、航空医官から大目玉を食らっていました。

今では考えられないことですが、これも何事にもおおらかな古き良き?時代の話でした。

パイロットでも飛行機酔いしますか?

エアーシックと言いますが、いわゆる「空中酔い」です。自分で操縦しているとまず酔うことはありませんが、後席に乗っていると酔っぱらうことがたまにあります。特にファントムは運動性能が良すぎて、いくらスムーズな舵を使っても機体は少しフラフラしています。密集隊形の2番機で飛んでいる時に、舵の荒いパイロットの後席に乗ったりすると、気分が悪くなる時があります。

またGIB(後席パイロット)は、高機動の最中でもレーダーをのぞき込んでいるため、それで気分が悪くなることもあります。丁度、揺れるバスの中で本を読んだりしていると気分が悪くなるのと同じ現象です。教官として後席に乗るときも、レーダー操作ばかりして頭をコクピットに突っ込んでいると、体調が悪いときなどエアーシックにかかることがあります。その時は、「レーダー・アウト(レーダー故障)の訓練をしよう。目視で索敵せよ!」とそれとなくごまかしたこともありました。まさか、若い者に飛行機酔いしたとも言えませんからね。こういう意味でも体調管理は大切です。

慣れはありますが、その意味では戦闘機パイロットも普通の人間です。

上空でトイレに行きたくなったらどうする?

結論から言って、「小」はできるけど「大」はできません。じょうごのような器具に管がついていて、それに突っ込んで放出するというものです。旅客機と違い、戦闘機には尿を貯めるだけのタンクを装備する余分なキャパシティーはありません。そうなると、お察しのとおり、空中散布となるわけです。戦闘機が飛んでいる時に空を見上げて、大きな口を開けていると危ないかもしれませんよ。と言うのは冗談で、空中散布すると霧状になって大気に溶け込むので、いくら多くを放出しても実害はありません。ただ、着陸後に器具の洗浄という作業を整備員がしなければいけないのであまり歓迎されません。私も今まで使った記憶はありません。パイロットは鳥と一緒で、飛び上がる前はタンクを空にしてからフライトに臨みます。ところが、最近は空中給油機が導入され、戦闘機も長時間のフライトを余儀なくされる場合があります。この時は、仕方なく使うことになるでしょう。

この器具を使う場合は、コクピットに座ったままの態勢でジッパーを下げることとなります。ご承知のようにパイロットは飛行中に色々な装具を付けているため、なかなかうまく行きません。一歩間違うとジッパーでソレを挟んでしまうという、エマージェンシー状態になりかねません。

最近は、女性の戦闘機パイロットが誕生していますが、女性用の器具が装備されたという話は聞きません。男性用に開発されたものでは使えないだろうし……。

どうするのでしょうかね？

健康管理、体調管理はどうしているの？

トイレの続きです。上空で不意のゲリピーなんかになったら最悪！　小用は前述のようになんとか対応できますが、「大」は対応不可。まさにお尻の括約筋との闘いとなります。私も長いパイロット生活で、一度だけ上空で催したことがありました。

離陸前から何となくその前兆があったのですが、アボート（訓練中止）するわけにもいかずそのまま離陸し東シナ海の訓練空域に向かう途中、霧島上空あたりで、もうどうしようもなくなり、新田原基地に引き返したことがありました。上空でアボートするには、その理由を無線で地上指揮所に伝えなければなりません。まさか「トイレが我慢できなくなった」、とは全国放送の無線で言うわけにもいかず、この時は、「マイナー・トラブル」と言ってごまかそうとしましたが、しつこくマイナー・トラブルの内容を聞いてくるのです。もう仕方ないので「体調不良」といったのですが、「着陸後アンビュランス（救急車）は必要か?」とご丁寧にまた聞いてくるのです。

着陸後、括約筋に打ち勝って何とかトイレに駆け込んだのですが、なんと全部ふさがっていたのです。ドアの前で、思わず「いつまで入ってるんだ、早く出ろ!」と叫んでしまいました。そうすると、後輩たちが一斉に飛び出してきました。後から思うと、冗談と遊び心で、わざとトイレをふさいでいたのでは、と勘繰りたくもなります。ファントム・ライダーは、平気でそのくらいのジョークはします。

これは自分の体調管理ができていなかった結果であり、プロとしては恥ずべきことでした。フライトの前日は、変なものを食べないことが大切です。また、私は、睡眠時間も7時間以上は取るように心がけていました。当然晩酌もホドホドです。

この「ホドホド」には個人差があることをお断りしておきます。

タックネームは誰が決めるの？

タックネームは、空中戦闘などの交信が錯綜した中で、瞬間的に相手を呼びだすときに使われる個人個人のニックネームみたいなものです。氏名をタックネームにしたのでは同じタックネームがわんさと現れて収拾がつかなくなりますよね。これは米軍から入ってきた習慣です。私たちの時代は、タックネームを使用し始めたばかりの頃だったので、自分で決めることができました。

そしてまもなく先輩から順次かっこいい名前が決まり、新入りは最後のお残り頂戴といった事態になりました。ちなみに、私のタックネームは「タイガー」でした。私がこのタックネームを使っている限り、空自の他のパイロットはいくら使いたくても使えないという不文律がありました。それは、共同訓練などで、全国のパイロットが集まって訓練をする場合などに混乱するからです。また、先輩が使っているタックネームは恐れ多くて後輩は使えません。後輩が使っているタックネームも、いくらかっこよくても先輩としてのプライドが許しません。

さらに時代が進むと、新入りが飛行隊に来たら、みんなでその者のタックネームを募集するようになりました。サルに似ているからモンキーなんていうのもいました（彼は転勤と同時にかっこいいネームに変えたみたいですが）。そして、先輩パイロット間で投票して、新入りパイロットのタックネームが決まります。本人の希望は基本的に受け入れられません。別の飛行隊に転勤になるまで、このタックネームで呼ばれることとなります。強制的につけられた自分のタックネームが気に入らなければ、転勤時に自分の好きなタックネームを引っ提げて新しい任地に行きます。そのころには、一人前のファントム・ライダーになっているので、誰にも文句を言われることはありません。

飛行訓練だけでなく、オフの遊びの時間もこのタックネームで呼び合っていました。昔の部下の名前が出てこない時でも、タックネームだけは出てきます。

そして、今でもお互いに違和感なくそれで呼び合っています。

ドラッグ・シュートは毎回使う？ どうやって回収するの？

ファントムは着陸時、接地と同時にお尻からパラシュートを出しますよね。あれをドラッグ・シュート、略してシュートと呼んでいます。滑走路の長さ、向かい風の有無によっては使わない時もありますが、基本的には使用します。例えば通常のファントムを運用している飛行場で、向かい風が20ノット以上あればシュートを使わなくても停止することはできます。逆に、向かい風が強過ぎるときに使用すると、シュートに引っ張られて、滑走路途中で止まってしまうこともあります。また、向かい風の強さによってシュートを引くタイミングを遅らせることもあります。

このレバーは座席左側にあり、レバーを引き上げるとシュートが出る仕組みになっています。接地の瞬間にシュルシュルとカッコよくシュートを出すためには、まだ車輪が滑走路に着いていない状態、つまり接地直前にレバーを引くという熟練した技が必要となります。これをやると、レバーを引くためスロットルから左手を離すことになり、もしもの着陸復行するときのパワー操作ができなくなるので、初心者にはできませんでした。

通常は、接地を確認↓パワー・アイドル↓シュートの手順です。航空祭などで接地の瞬間にシュートが出ているのを見たら、それはファントムを乗りこなした熟練パイロットです。まもなく見ることはできなくなりますけれどね。

ただ、シュートを使ったのに、駐機場に戻ってくる時にF-4はシュートを引きずっていません。これはなぜかというと、滑走路から誘導路に入った時に、シュート・イジェッション・エリアがあり、そこにお尻を向けて切り離すからです。

ここだけの話ですが、間違って誘導路上に切り離してしまったら、次に降りてくる航空機の邪魔になり通れなくなりますよね。その時は、ファントムの下向きの排気で吹き飛ばします。切り離したシュートは、全機が着陸した後、整備員が回収に行き、専門の隊員が乾かして、小さくたたんで再び使用します。たたんでは使い、たたんでは使い、繰り返して使われます。

ファントムおじいちゃんの機体寿命はどのくらい?

私が飛行隊長の頃ですから、およそ25年ほど前に、ファントムの寿命は後10年くらいだと言われていました。しかし、諸般の事情で延命処置を施し、老体にムチ打ち、頑張って来ました。

飛行機は部品を替えればいつまでも飛べます。理屈から言えば、全部の部品を替えればいつまでも新しい飛行機と同じことになります。ところが、技術が進歩すると、航空機としては飛べても、運用上形骸化して戦いには使えなくなります。今までの戦闘機の機種更新の経緯をみても、ほぼ、30年前後のサイクルで次の新しい機種が開発されています。それは、技術の進歩と時代のニーズに合った戦闘機が必要とされるからです。

ファントムは延命策により、老朽化した危なっかしい部品は定期的に取り換えて、予定より10年以上も長く飛んできました。これは、技術者と職人技の部隊整備員の血のにじむような努力があったからです。世界に、日本ほどファントムを永く飛ばした国はありません。それも独自に改修して時代のニーズに合わせ、F-4改として飛ばせてこられたのは、ゼロ戦を作った日本の技術と日本人の器用さゆえではないでしょうか。

でも、もう限界に来ています。ファントムも飛ぶだけなら、まだ頑張れるでしょうが、戦闘機としてはもう無理でしょう。よく頑張りました。もうそろそろ、休ませてやってもいい時ではないでしょうか。

ファントムおじいちゃん、お疲れ様と言ってやりたいですね。

生まれ変わってもまた戦闘機パイロットになりたい？

よく、この質問を受けることがあります。

答えは、「一人前になってから飛行隊長をやるまでだったらもう一度飛んでもいいかな」です。飛行学生の頃には二度と戻りたくないというのが本音です。飛行学生の頃は、まだ飛ぶ喜びというものを感じる余裕はありませんでした。理由は、本書で述べたとおりです。部隊に行って、ある程度なんでもできるようになり、後輩の指導も出来るようになると、飛ぶ喜びとその厳しさが解るようになります。そこに、仕事の充実感も生まれます。だから、もう一度やり直したいかと問われるならこの時期から後ですね。

贅沢を言わせてもらえるなら、「飛行隊長までは部隊でガンガン飛んで、その後は第二の人生が送れたらと思ったりします。ダブル・キャリアの人生ですね。それは、学生の頃になりたかった医師への道です。医師も資格を取って研修を終えてばりばり第一線で働くところからがいい、なんて、まあ想像するのは自由ですから。空飛ぶ医師なんてカッコいいと思いませんか。

ところで人類で初めて音速突破した、アメリカのテストパイロットのチャック・イエーガーは、90歳を過ぎても飛んでいます。素晴らしいですね。

今後の夢はありますか？

いまさら、夢というものもありませんが、改まって聞かれれば、夢と言うよりは希望はあります。それは、「ファントムおじいちゃん」ではありませんが、「スーパーじいさん」になることです。私の周りには、このスーパーじいさんがいっぱいいます。

ジム仲間のW氏は、80歳でゴルフのハンデはシングル、未だに北海道にスキーに行っています。また、テニス仲間のI氏は70歳代の部でテニスの全日本ランキング10位以内をキープしています。同じくT氏は、80歳代の部でこれも全日本ランキング10位以内をキープしています。85歳で我々と互角に戦う御仁もいます。まさに、スーパーじいさんです。彼らの生きざまを見ていると、何事にもアグレッシブで、明るくて屈託がない、プラス思考の持ち主ばかりです。

私は、テニス、スキー、山歩き、水泳、筋トレと身体を使う趣味はいっぱいあるものの、頭を使う趣味がないような…。でも、テニスもしっかりカウントを数え、相手の動きも読まなければいけないので、結構頭も使います。水泳も25mプールを何回往復したかを数えなければいけないので、これも頭を使います。そのうち、バタフライの種目でマスターズの大会に出てみたいと思っています。

まあ、たわいのない夢ですが、健康はお金以上に大切な財産です。お金で病気はある程度治せるかもしれませんが、健康な肉体と心はお金では買えません。皆さんも、若いときから運動習慣を身につけて、バランスの良い食事と、十分な睡眠を心がけ、いつまでも健康で戦闘機の爆音を追っかけていただきたいと思います。

最後に、もう一つ贅沢を言わせてもらえるなら、たまには天気の良い日に小型機で、プルンプルンと空中散歩ができれば最高ですね!

Bonus track

TIGER in Nature

カヌーもももちろんやりますよ！

自転車でもバイクでもどこへでも
ツーリング

ウインタースポーツはまず、スキー！

相馬野馬追いざ出陣（異色!?）

仲間達と月山春スキー

登山や山歩きも大好き

安達太良連峰最高峰の
箕輪山へ

1人キャンプも行きますよ！
自粛中は近場で…

孫はかわいい！ただし子守は最長3日まで…？

年末年始は友達＆家族でワイワイやります

あとがき

ありがとうファントム！

日本の空を半世紀近く守ってくれた仲間ファントム。その翼をたたむ時が来た。

悲しい事故もあった。尊い仲間も失った。そして、戦闘機パイロットとしての私の青春を共に歩んでくれた。出会いがあれば別れがある。ファントムの真実がこの本の中に永遠に残るとすればうれしい限りだ。そして、この世紀の傑作機、ファントムを愛してくれた皆さんの思い出の中に生き続けることを祈りたい。


最後に、本書が出来上がるまで貴重なアドバイスをいただいた仲間たちやチームタイガーのメンバー、また、燃料切れでフレームアウトしかけた時に空中給油をしていただいたイカロス出版顧問／編集部長の尾崎清子氏はじめ校閲等に携わっていただいたスタッフの皆様、さらには拙著に貴重な空撮写真を提供していただいた徳永克彦氏、イカロス出版との出会いをもたらしていただいた編集プロデューサーの佐野総一郎氏の各位に、この場をお借りして御礼申し上げます。

素人が初めて出す本でもあり、不慣れな部分は多々あるかもしれません。本書の内容に関する責任はすべて筆者の私にあると認識しています。勘違い、失念等により読者の皆様にご迷惑がかかることがあれば、平にご容赦願いたいと思います。

ファントムが永遠に私たちの心に刻まれることを念じて、あとがきとさせていただきます。

令和2年7月吉日

戸田 眞一郎

◉著者略歴
昭和26年4月1日高知県出身、柏市在住
昭和44年4月、航空学生第25期として航空自衛隊入隊。飛行部隊は第10飛行隊（F-86F）、第205飛行隊（F-104）、第303飛行隊（F-4）を経て、第301飛行隊飛行班長（F-4）、第306飛行隊飛行隊長（F-4）を務める。
また、空幕副監察官、襟裳分屯基地司令、西部航空方面隊司令部監理監察官、那覇基地副司令等を歴任。
総飛行時間約5,323.5時間、元1等空佐。
平成19年4月航空自衛隊定年退官。
その後、同年4月㈱IHIに入社し、航空宇宙事業本部調査役、IHI相馬技能訓練所所長を務める。平成26年4月IHI退社。現在、つばさ会（空自退職者団体）副会長、翔友会（空自パイロット等OB会）理事。防災士の資格をもち、行政機関、医療法人、企業等の防災アドバイザーとして幅広く活躍中。

◉写真提供（順不同）
徳永克彦、赤塚 聡、浜田美枝、高橋泰彦、帆足孝治、
戸田眞一郎、Jウイング編集部（敬称略）

◉装丁　COLUMBUS
◉表紙写真　浜田美枝　徳永克彦
◉イラスト　飛行機工房Azul
◉本文デザイン　村上千津子（イカロス出版）

熱血！“タイガー”の
ファントム物語

2020年8月5日　初版発行

著　者　戸田眞一郎

発行人　塩谷茂代
発行所　イカロス出版株式会社
〒162-8616 東京都新宿区市谷本村町2-3
電話　03-3267-2766（販売部）
03-3267-2868（編集部）
URL　https://www.ikaros.jp/
印刷所　図書印刷株式会社
Printed in Japan